LA SCIENCE AMUSANTE | 2ᵉ Série

CENT
Nouvelles Expériences

PAR

TOM TIT

Librairie LAROUSSE, Paris

LA

Science Amusante

(DEUXIÈME SÉRIE)

TRENTE ET UNIÈME ÉDITION

OUVRAGES DE TOM TIT

TOM TIT

LA
Science Amusante

(DEUXIÈME SÉRIE)

100 NOUVELLES EXPÉRIENCES

PARIS. — LIBRAIRIE LAROUSSE
17, Rue Montparnasse, 17
Succursale : 58, Rue des Écoles, 58 (Sorbonne)

—

INTRODUCTION

Ce volume est, comme le précédent, auquel il fait suite, le recueil des articles publiés chaque semaine dans le journal *L'Illustration*, sous le titre : *La Science Amusante*, et pour lesquels nous faisons appel à la collaboration de nos lecteurs, de sorte que nous pouvons répéter ici avec La Bruyère : « *Je rends au public ce qu'il m'a prêté. J'ai emprunté de lui la matière de cet ouvrage.* »

Nous avons divisé notre livre en trois parties bien distinctes :

La PREMIÈRE PARTIE comprend les *Expériences de physique* exécutées à l'aide d'objets usuels ; nous avons fait suivre le texte d'un grand nombre de *notes* rappelant, de la manière la plus simple possible, le principe de physique auquel se rapporte chaque expérience. Ces notes rendront la lecture de l'ouvrage plus fructueuse pour les élèves de nos établissements d'instruction publique à qui il serait offert comme livre de prix.

La DEUXIÈME PARTIE, que nous appelons la *Géométrie pratique*, donne la démonstration originale, à l'aide de dominos, de corde, de papier plié, de quelques théorèmes connus, ainsi que la manière de tracer, sans instruments de dessin, certaines figures géométriques intéressantes.

La TROISIÈME PARTIE contient, sous le titre *Variétés*, un

chapitre relatif aux récréations ou jeux scientifiques, un chapitre indiquant une série de petits travaux d'amateurs et enfin un chapitre sur les tours de ficelle, qui excitent toujours une grande surprise parmi les spectateurs.

Arthur GOOD

(TOM TIT)

Paris, le 1er janvier 1892.

LA SCIENCE AMUSANTE

1ʳᵉ PARTIE. — EXPÉRIENCES DE PHYSIQUE

I. — PESANTEUR

L'Œuf obéissant. — L'Œuf désobéissant.

Vidéz un œuf cru en y perçant un trou, le moins grand possible. Quand l'intérieur sera bien sec, versez-y un peu de sable fin, de façon à en remplir environ le quart, et rebouchez-le adroitement à l'aide d'un peu de cire blanche afin de le faire ressembler à un œuf ordinaire.

Quand on servira, à déjeuner, les œufs à la coque,

vous aurez glissé d'avance dans le plat votre coquille ainsi préparée ; c'est celle que vous prendrez, à table, pour la mettre dans votre coquetier. Annoncez à votre famille que votre œuf est très obéissant, et qu'il se tient dans toutes les positions qu'on désire lui donner ; vous montrez alors, en effet, que votre œuf se tient parfaitement sur le manche d'un couteau, sur le bord de la carafe, etc., soit que vous le mettiez debout sur sa pointe, soit que vous lui donniez une position oblique, ce qui, dans ce dernier cas, semble contraire aux lois de l'équilibre. Il vous suffira, pour réussir, de secouer légèrement l'œuf en le tenant dans la position qu'il doit prendre sur son support ; le sable se tasse et prend un niveau horizontal qui permet à l'œuf, ainsi lesté à sa partie inférieure, de rester fixe sur son point d'appui, dans une position d'équilibre stable.

Vous pourrez préparer une autre coquille en y mettant des grains de plomb mélangés à de petits morceaux de cire à cacheter. Chauffez le tout sur le poêle, en maintenant l'œuf debout ; la cire fond en formant une petite masse très lourde avec les grains de plomb qui sont ainsi collés contre le bout de l'œuf. Laissez refroidir l'œuf en lui conservant sa position verticale, afin que le niveau de la cire soit bien perpendiculaire au grand axe ; bouchez alors le trou avec un peu de cire blanche, et vous aurez un œuf qui refusera de rester couché et se tiendra toujours debout sur sa pointe dès que vous l'abandonnerez à lui-même. Ce sera l'œuf désobéissant.

Le Scieur de long.

Dans l'article du journal *l'Illustration* (1) intitulé :
les Jouets qu'on peut faire soi-même, j'ai donné
la manière de fabriquer, avec de vieux bouchons et

______

(1) *L'Illustration*, 13, rue Saint-Georges, à Paris. Voir dans le n° 2448 du

des bouts d'allumettes, une série d'animaux et de personnages; mais ces personnages, moins heureux que les quadrupèdes, avaient besoin d'une canne pour pouvoir se tenir debout, à moins que leurs jambes ne fussent piquées dans le bouchon plat qui leur servait de socle.

Il s'agit aujourd'hui de les faire tenir librement sur leurs deux jambes, sans aucun point d'appui supplémentaire.

Voici, par exemple, un petit Breton. Comme l'indique notre dessin, son corps n'est autre chose qu'un bouchon de champagne mis à l'envers; la partie cylindrique de ce bouchon représente le buste, et la partie renflée rappelle assez exactement le pantalon bouffant ou *braies* des enfants de la Bretagne. Sur le petit bout d'allumette remplaçant le cou nous piquerons une tête en mie de pain, noisette, marron sculpté ou toute autre matière, coiffée d'un chapeau à larges bords. Deux bouts d'allumettes solidement enfoncés dans le bouchon seront les jambes, et vous collerez des deux côtés du corps deux petits bras en carton découpé. Voilà le personnage construit; vous pouvez le colorier ou le costumer à votre fantaisie. Recourbez, à angle droit, dans le même sens et à 5 centimètres des bouts, les deux extrémités d'un gros fil de fer ayant environ 50 centimètres de longueur; piquez l'une de ces extrémités dans la poitrine du

25 janvier 1890 : *Les jouets qu'on peut faire soi-même,* texte et 1 planche de dessins en couleur, par Tom Tit.

Le n° 2449 du 1ᵉʳ février 1890 contient la suite : *Objets fabriqués avec des coquilles d'œufs,* avec une planche en couleur, composition et dessins de Tom Tit. Chaque numéro, 75 centimes, franco par la poste.

bonhomme, l'autre dans un corps assez lourd, une orange ou une pomme, par exemple.

Si vous posez maintenant votre Breton sur le bord de la table opposé aux spectateurs, dissimulant ainsi le bas du fil de fer et la pomme, ils le verront se tenir debout sur ses jambes; imprimez-lui une secousse en évitant que le fil de fer ne frotte contre la table, et voilà son corps animé pendant longtemps d'un mouvement régulier de balancement en avant et arrière, analogue à celui d'un scieur de long au travail; vous compléterez l'illusion en collant, le long du fil de fer vertical qu'il semble tenir entre ses mains, une bande de papier dentelée en forme de lame de scie, qui pourra passer dans la fente d'une petite planchette sur laquelle vous poserez le personnage.

Vous pourrez varier l'expérience en disposant, au bord de la table, une ou plusieurs poupées fabriquées d'après les mêmes principes, mais en enfonçant cette fois le fil de fer dans le dos, d'arrière en avant; elles feront ainsi face au public, auquel elles prodigueront leurs plus gracieuses révérences.

L'Oiseau sur la branche.

Nous avons publié, dans le chapitre précédent, le mode de fabrication de petits personnages pouvant se tenir sur leurs deux jambes, grâce à un système de contrepoids destiné à abaisser le centre de gravité.

Le petit poussin (ou oiseau, à votre choix), dont je donnerai ici la description, se tient en équilibre sur ses pattes d'après le même principe; il ne nous apprendra donc rien de nouveau au point de vue scientifique, mais pourra, comme jouet facile à construire soi-même, être apprécié d'un certain nombre de nos lecteurs.

Le corps de l'oiseau est une coquille d'œuf vide ouverte d'un côté; bouchez l'ouverture avec une grosse boulette de mie de pain; ce sera la tête. Deux têtes de clous seront les yeux; un morceau de bois pointu figurera le bec; la boulette de pain sera prolongée en forme de bouchon dans l'intérieur de l'œuf, où vous la collerez avec un peu de cire à cacheter, lorsque la boulette sera dure et sèche. Quelques plumes seront collées à l'arrière, ce sera la queue, dont la forme variera selon le genre d'oiseau que vous voulez obtenir. Deux allumettes, collées avec de la cire, fourniront les pattes. Vous pourrez colorier la tête et le corps, ou y coller de la laine finement coupée, pour imiter un léger duvet.

Quant au fil de fer destiné à supporter le contrepoids il sera recourbé à angle droit à ses deux extrémités, formant deux crochets de 2 centimètres environ. L'un, enfoncé dans le dessous de la coquille, un peu en arrière des pattes, sera fixé contre le fond par de la cire à cacheter (cette opération se fera donc avant de fixer la tête). L'autre crochet servira à suspendre un morceau de sucre percé d'un trou, ou tout autre contrepoids. Vous pourrez alors faire tenir l'oiseau sur votre doigt, ou le poser dans le jardin sur une branche d'arbre, en dissimulant derrière des feuilles le fil de fer et le contrepoids; il se balancera sur la branche au souffle du vent, comme un oiseau véritable.

Corps roulant remontant un plan incliné.

Si nous posons une bille, un cylindre ou tout autre corps roulant sur un plan incliné, nous savons ce qui va se produire : le corps descendra le long de ce plan incliné, sous l'action de la pesanteur.

Voici une expérience qui semble contredire le principe du plan incliné, mais nous allons voir qu'elle le confirme au contraire.

Collez l'un contre l'autre par leurs bases deux abat-jour, ou deux cônes en carton.

D'autre part, formez un plan incliné avec deux cannes posées sur deux livres d'inégale hauteur, mais en ayant

soin que ces cannes fassent entre elles un certain angle,
dont le sommet se trouve du côté le plus bas du plan
incliné.

Posez votre double cône près du sommet de cet
angle, et vous le verrez rouler le long des deux cannes,
en remontant le plan incliné, ce qui semblera miracu-
leux au premier abord. Mais vous vous rendrez vite
compte de ce qui se passe en remarquant que, par
suite de l'écartement croissant des cannes, dans le sens
de la montée, l'axe des deux cônes, sur lequel se
trouve leur centre de gravité, s'abaisse de plus en plus;
il n'y a donc là qu'une curieuse illusion; aucune
atteinte n'est portée aux lois immuables de la pesanteur.

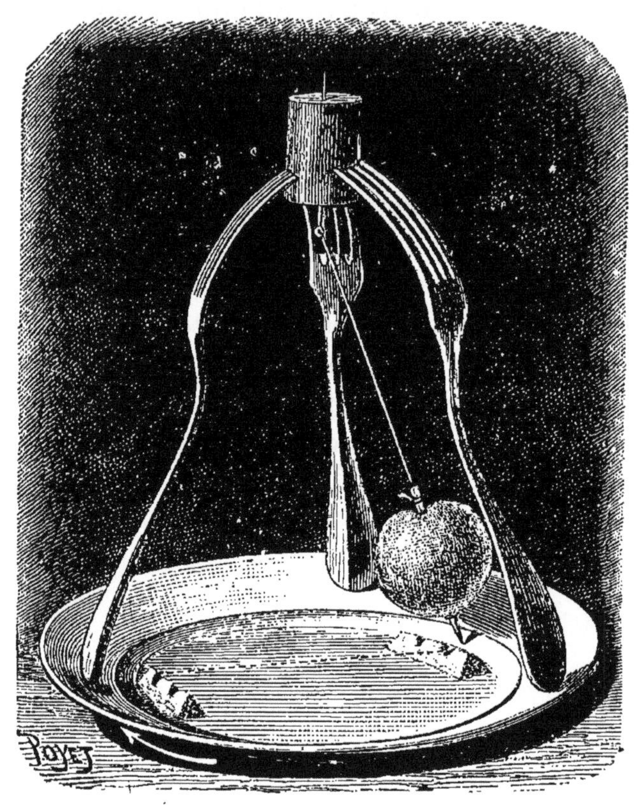

Le Pendule de Foucault.

Au moment du dessert, vous pourrez répéter à table, à l'aide d'une pomme ou d'une orange, l'expérience du pendule de Foucault, exécutée en 1851 sous le dôme du Panthéon.

Traversez votre orange par une allumette dont les

deux bouts ressortent de part et d'autre ; attachez un fil à l'un de ces bouts : vous aurez ainsi votre pendule.

Attachez l'autre extrémité du fil à la tête d'une épingle piquée dans un bouchon, et supportez ce bouchon en y enfonçant obliquement trois fourchettes dont les manches reposeront sur le bord de votre assiette.

Faisons maintenant osciller notre pendule, après avoir réglé la longueur du fil de telle sorte que la pointe inférieure de l'allumette arrive tout près du fond de l'assiette, et vienne marquer sa trace dans deux petits talus circulaires de sucre en poudre destinés à figurer le cercle de sable que Foucault avait disposé sur le sol, tout autour de son pendule.

L'assiette représente la terre. Tant que cette assiette reste fixe, l'allumette vient, à chaque oscillation de l'orange, passer exactement dans les sillons qu'elle a tracés dans les deux tas de sucre.

Si, pour figurer le mouvement de rotation de la terre, nous faisons tourner maintenant sans secousse l'assiette, et par suite les fourchettes et le bouchon, nous constatons que cela n'influe en rien sur la direction de notre pendule, qui continue à osciller dans le même plan que tout à l'heure, et nous en avons la preuve en voyant l'allumette tracer à chaque oscillation, dans le sucre, un petit sillon distinct du précédent. Nous pouvons ainsi démontrer, d'une manière simple et pratique, le principe de l'invariabilité du plan d'oscillation du pendule, principe sur lequel était basée la célèbre expérience du savant français.

Équilibre des liquides superposés.

OICI une expérience qui consiste à superposer cinq liquides, par ordre de densité et sans qu'ils se mélangent l'un à l'autre.

Elle peut se faire au moment où l'on prend le café ; tous les ingrédients nécessaires se trouvent sur la table.

1° Versez au fond d'une flûte à champagne un peu de café très sucré et froid.

2° Faites un cornet de papier dont la pointe sera repliée à angle droit, et coupez l'extrémité, de façon à le terminer par un trou de la grosseur d'une grosse épingle; versez-y un peu d'eau claire, qui s'échappera horizontalement du bout du cornet, frappera le bord du verre et se déposera doucement sur le café qui se trouve au fond; vous cesserez de verser l'eau quand elle formera une couche de même hauteur que le café.

3° Un second cornet vous permettra de déposer sur l'eau une troisième couche d'un vin fortement coloré, comme les vins du Midi, par exemple.

4° Avec un troisième cornet, vous verserez une couche d'huile.

5° Enfin, vous prendrez un peu de l'esprit-de-vin qui a servi à faire bouillir l'eau pour le café; vous le verserez à l'aide d'un quatrième cornet semblable aux précédents et il surnagera à la partie supérieure du verre (1).

Toutes les couches ainsi obtenues seront bien distinctes, et vous aurez, à partir du fond, les couleurs brune, blanche, rouge, jaune et blanche.

---

(1) Pour que l'équilibre des liquides superposés soit stable, il faut qu'ils soient superposés par ordre de densité décroissante de bas en haut. Cette condition se démontre dans les cabinets de physique au moyen de la fiole des quatre éléments. C'est un flacon étroit contenant du mercure, de l'eau saturée de carbonate de potasse, de l'alcool coloré en rouge et de l'huile de naphte. Tel est l'ordre de densité décroissante de ces corps.

C'est en vertu du même principe que l'eau douce, à l'embouchure des fleuves, surnage au-dessus de l'eau salée de la mer. C'est par la même cause que la crème, qui est moins dense que le lait, s'en sépare peu à peu pour monter à la surface et que l'huile nage au-dessus de l'eau dans les godets des veilleuses.

La Sauce à l'huile pour tous les goûts.

Vous êtes partis, en joyeuse compagnie, pour faire un déjeuner sur l'herbe ; chacun s'est chargé d'apporter son plat, dont le déballage est salué par des cris de joie. Mais voici tout à coup les visages qui se rembrunissent : le monsieur qui fournit la salade n'a-t-il pas eu la fâcheuse idée de mettre l'huile et le vinaigre dans la même bouteille, pour n'avoir qu'une bouteille à porter ! Les dames vont être forcées de renoncer à la sauce à l'huile sur laquelle on comptait, car le porteur a sans doute poussé l'égoïsme jusqu'au bout, et fait la sauce à son goût, c'est-à-dire trop forte !

« Rassurez-vous ! s'écrie l'un des convives, rien n'est perdu. » Il se fait remettre la bouteille contenant les deux liquides séparés en deux couches bien distinctes, le vinaigre, plus lourd, restant au fond, et l'huile, plus légère, surnageant à la partie supérieure. Il se garde bien de la secouer, pour ne pas opérer le mélange, et, faisant le tour de la société, il verse dans les assiettes la proportion d'huile et de vinaigre que chacun lui demande. « Comment fait-il, » me direz-vous ? c'est bien simple : pour verser l'huile, il débouche la bouteille et la penche doucement ; l'huile coule seule dans l'assiette. Pour le vinaigre, il rebouche la bouteille, la retourne complètement, mais sans secousses, et voilà le vinaigre près du goulot. Il ne lui reste plus qu'à déboucher partiellement la bouteille en tenant le bouchon contre l'ouverture ; il s'en échappera un petit filet de vinaigre qu'il réglera à volonté, et selon le goût de chacun.

Le mal est réparé, et l'on cesse de bouder l'homme à la salade pour faire fête à l'ingénieux ami qui a trouvé, chose rare, le moyen de contenter tout le monde.

Pression de bas en haut dans les liquides.

UNE paroi horizontale, par exemple une rondelle de carton en contact par sa face inférieure seule avec un liquide dont la surface libre est à un niveau plus élevé, éprouve une pression de bas en haut égale au poids d'une colonne de liquide ayant pour base cette surface et pour hauteur la hauteur même du liquide extérieur au-dessus d'elle.

Un bocal aux trois quarts plein d'eau, trois verres de lampe de formes différentes et une rondelle de carton vont nous permettre de démontrer le principe d'hydraulique fondamental exposé ci-dessus.

Le premier verre est formé de deux cylindres de diamètres différents, c'est le verre de lampe à huile ordinaire.

Le second verre (verre de lampe à gaz) est un cylindre parfait. Enfin, le troisième (verre à pétrole) présente vers le bas un renflement notable. Le diamètre de l'ouverture inférieure des trois verres doit être le même. Sur chacun de ces verres, et à la même hauteur, collons une bande de papier qui sera notre ligne de repère. Plaçons l'obturateur de carton sous le plus petit verre et enfonçons le tout avec précaution dans le bocal, de manière à faire affleurer le papier au niveau du liquide.

Le carton se trouve appliqué contre l'ouverture du verre, et l'eau n'y pénètre pas. Si nous voulons maintenant faire tomber la rondelle, il nous faudra verser de l'eau dans le verre de lampe, et le carton tombera lorsque le niveau du liquide intérieur atteindra celui du liquide extérieur. Un trait de repère tracé à l'extérieur du bocal nous permet de connaître la quantité d'eau qu'il a fallu ajouter pour déterminer la chute du carton; versons ce liquide dans un vase.

Enfonçons maintenant le deuxième verre bouché par le carton, et essayons de faire tomber cette rondelle en nous servant de l'eau qui provient de notre première expérience; nous verrons que cette quantité d'eau est insuffisante et qu'il faut en ajouter jusqu'à ce que les deux niveaux soient égaux. Enfin, l'expérience faite avec le verre renflé exigera une quantité d'eau encore plus considérable.

En résumé, quels que soient la forme et le volume du verre employé, il faudra toujours, pour faire tomber la rondelle de carton, c'est-à-dire *pour contre-balancer la pression qu'elle supporte de bas en haut*, ajouter à l'intérieur du verre une quantité d'eau suffisante pour atteindre le niveau du liquide extérieur, et l'on constate ainsi que ce n'est pas le poids de l'eau versée dans le verre, mais uniquement la hauteur de la colonne liquide qui influe sur la chute de l'obturateur. Nous aurons ainsi démontré, d'une manière bien simple, l'un des principes les plus importants de l'hydraulique, conduisant à l'expérience du *crève-tonneau* de Pascal et au *principe d'Archimède* sur l'équilibre des corps flottants.

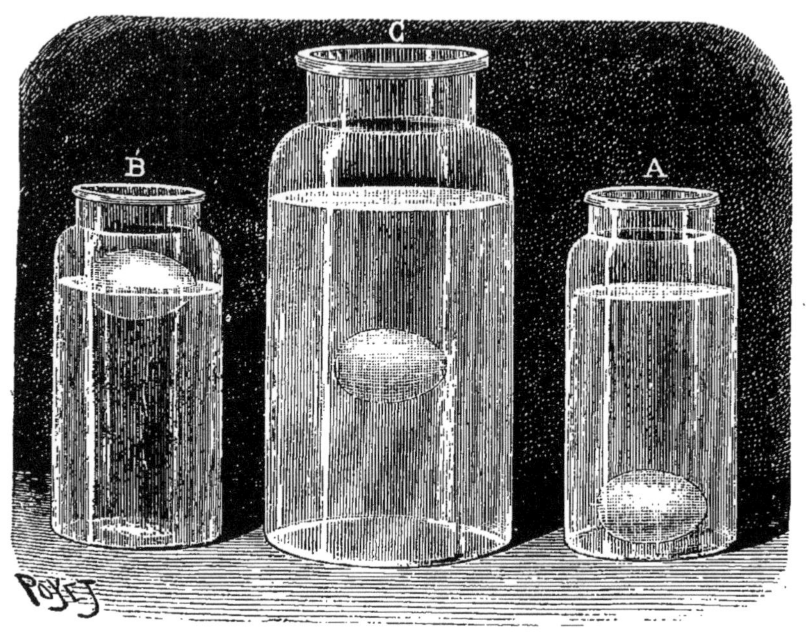

L'œuf dans l'eau salée.

(ÉQUILIBRE DES CORPS FLOTTANTS. — DENSITÉ. — PRINCIPE D'ARCHIMÈDE.)

Prenons deux petits bocaux à cornichons A et B, et un troisième bocal C, deux fois plus grand ; remplissons A d'eau pure ; si nous essayons de faire flotter un œuf frais à la surface de l'eau de ce bocal, cela sera impossible, et l'œuf tombera immédiatement au fond ; cela tient à ce que la densité de l'eau douce est moindre que celle de l'œuf frais (1) ; plaçons au contraire

(1) Tout corps plongé dans un liquide est soumis à l'action de deux forces opposées : la pesanteur, qui tend à le faire descendre, et la *poussée* du liquide qui tend à le faire monter avec une force égale au poids même du liquide

notre œuf dans le bocal B rempli d'eau fortement salée et essayons de faire descendre l'œuf au fond, cela nous sera encore impossible, et l'œuf, malgré tous nos efforts pour le faire plonger, viendra flotter à la surface ; nous voyons ainsi que la densité de l'eau salée est plus grande que celle de l'œuf, et nous comprenons, après cette expérience si simple, pourquoi il nous est plus difficile de nager dans l'eau de rivière que dans la mer ; c'est la plus grande densité de l'eau de mer qui nous permet de nous soutenir plus facilement à sa surface.

Combinons maintenant les deux expériences indiquées ci-dessus, et versons, dans le grand bocal C, une certaine quantité d'eau du bocal A et une autre de B ; après quelques tâtonnements, nous arriverons à obtenir, par ce mélange, un liquide ayant exactement la densité de l'œuf ; dès lors notre œuf n'aura plus aucune raison ni d'aller au fond (comme il le faisait dans l'eau pure) ni de flotter (comme il le faisait dans l'eau fortement salée) ; comme l'indique notre dessin, il restera *au milieu du liquide*, et vous le ferez monter ou descendre selon que vous ajouterez une poignée de sel au liquide du bocal C, ou au contraire que vous y verserez de l'eau pure.

---

déplacé par le corps. Le poids de ce corps est donc détruit en totalité ou en partie par cette poussée. Ce principe, découvert par Archimède, se formule ainsi : *Tout corps plongé dans un liquide perd une partie de son poids égale au poids du liquide qu'il déplace.* Ce principe s'applique également aux gaz.

Faire flotter sur l'eau un morceau de sucre.

Voici une curieuse expérience, dont les préparatifs sont fort simples; il suffit de faire tremper rapidement, en les tenant à l'aide d'une pince, quelques morceaux de sucre dans une tasse contenant du collodion ordinaire à 1 0/0 : c'est le collodion des photographes; placez-les ensuite dans un courant d'air, pendant un jour ou deux, pour que tout l'éther s'évapore; ils ont alors l'apparence de morceaux de sucre ordinaires, et vous les placerez dans le sucrier sans que l'on puisse découvrir la supercherie. Vous offrez alors un verre d'eau à une personne de l'assistance, en la priant d'y mettre un des morceaux de sucre ainsi préparés. Le sucre tombe au fond du verre, comme cela a lieu d'habitude, mais, au bout de quelques instants, il remonte à la surface de l'eau et s'y maintient définitivement, au grand étonnement des personnes non prévenues.

En réalité, ce n'est pas le sucre lui-même qui flotte; celui-ci s'est en effet dissous dans l'eau; ce que l'on voit est pour ainsi dire sa doublure, c'est-à-dire le coton du collodion qui remplissait chacun de ses vides, et qui, débarrassé du sucre, a gardé la forme géométrique et l'aspect cristallisé et blanc du morceau primitif. Par exemple, si l'illusion existe pour les yeux, elle n'existerait plus pour le toucher, et il faut empêcher les spectateurs trop curieux d'essayer de prendre avec la main le sucre flottant, car ils ne retireraient qu'une substance molle et spongieuse, au lieu du morceau solide qu'ils croyaient apercevoir.

Poisson de mer.

RENEZ un morceau de bois de sapin léger et don-
nez-lui la forme d'un prisme triangulaire de
5 centimètres de longueur environ; le triangle de base
aura 2 centimètres de côté. Ce prisme devant représenter un poisson, vous peindrez en noir l'un de ses
bords, qui sera le dos, et laisserez en blanc la face
opposée, qui sera le ventre. Sur l'une des bases, vous
tracerez deux gros yeux et une gueule, comme l'indique notre dessin.

Annoncez au public que ce poisson est un poisson de
mer qui ne peut pas vivre dans l'eau douce.

Si vous le placez dans un récipient contenant de l'eau fortement salée, on verra le poisson flotter, le dos émergeant hors du liquide, comme un poisson qui vient nager à la surface.

Mais si vous le placez dans un récipient d'eau pure, on voit le poisson tourner sur lui-même et venir flotter tristement, le ventre en l'air, comme un poisson mort.

Voici l'explication du phénomène : un prisme très léger, par exemple un bouchon taillé en prisme, flotte dans l'eau avec une de ses faces parallèles au niveau du liquide, parce que le petit déplacement d'eau qui représente son poids ne lui donnerait pas d'équilibre sur l'une de ses arêtes. Si ce prisme était relativement lourd, il entrerait dans l'eau davantage et s'y tiendrait alors avec une de ses arêtes en bas, l'une des faces restant, comme dans le cas précédent, parallèle au niveau du liquide. Or, par suite de la différence de densité de l'eau pure et de l'eau fortement salée, le poisson est plus léger par rapport à l'eau salée que par rapport à l'eau douce. De là la différence de ses positions dans chacun de ces deux liquides (1).

---

(1) La densité du prisme de bois par rapport à l'eau est le rapport du poids de ce prisme au poids d'un même volume d'eau. Cette densité relative s'app ne aussi : *poids spécifique.*

Le poids spécifique d'un corps solide à 0° se prend en général par rapport à l'eau distillée prise à 4° centigrades au-dessus de zéro, c'est-à-dire à son maximum de densité.

Le poids spécifique des liquides se prend aussi par rapport à l'eau. Celui des gaz se prend en général par rapport à l'air.

Plongeur automatique.

Renez le bocal plein d'eau qui nous a déjà bien souvent servi pour de précédentes expériences, et placez dans cette eau une petite boîte cylindrique en carton préparée de la manière suivante :

Le fond sera percé de plusieurs petits trous, et vous creuserez un trou circulaire au centre du couvercle; à ce trou, vous adapterez une soupape double, composée d'une rondelle de carton épaisse placée à l'intérieur du couvercle et d'un morceau de liège (un bouchon à moutarde) à l'extérieur, ces deux pièces étant réunies par une tige quelconque, épingle, fil de fer, etc., comme le montre la figure 1 du dessin.

Entre les deux rondelles doit exister un espace de la largeur du doigt. Lestez le fond de la boîte avec des clous, placez sur ce fond une petite bouteille contenant, bien mélangées, les deux poudres pour faire l'eau de Seltz, bouchez le flacon avec un bouchon percé d'un large trou, et remettez sur la boîte le couvercle auquel vient d'être adaptée la soupape.

Aussitôt mise dans l'eau, votre boîte plonge, car l'eau y pénètre par les petits trous du bas. Puis cette eau entre dans le petit flacon, et y détermine une grande production d'acide carbonique qui s'en échappe en chassant l'eau de la boîte; la boîte remonte aussitôt, c'est la position représentée dans la figure 2 de notre dessin où l'on voit que la pression du gaz applique la rondelle de carton contre le couvercle, la tige de la soupape soulevant le bouchon de liège. Mais, aussitôt que le couvercle arrive à la surface de l'eau du bocal, le morceau de liège n'étant plus soutenu par l'eau, descend par son poids; la rondelle de carton, poussée par la tige de la soupape, abandonne le trou du couvercle, et le gaz s'échappe au dehors.

Voilà l'appareil dans la même situation que tout à l'heure; l'eau y rentre de nouveau, il replonge encore, et cela pendant assez longtemps.

Si vous avez une pièce d'eau à votre disposition, cette expérience sera encore plus intéressante; tenez votre boîte par un fil pour ne pas la perdre, et vous la verrez plonger et remonter une cinquantaine de fois.

Un microbe dans la bouteille.

(CONSTRUCTION D'UN LUDION)

QUELLE est cette horrible bête, à la gueule énorme, qui monte et descend avec rapidité dans la bouteille de vin que l'on vient de placer sur la table? A notre époque où tout le monde s'inquiète des falsifications signalées par le Laboratoire municipal, en ce temps de bacilles et de microbes, serions-nous en présence d'un nouveau parasite, s'attaquant cette fois non plus à la vigne, mais au vin lui-même? Lorsque vos convives auront bien manifesté leur étonnement, vous pourrez leur dévoiler le subterfuge que vous avez employé pour les égayer un instant à table.

Le monstre en question est découpé dans une feuille de papier d'étain ou dans la feuille de clinquant ayant servi au capsulage de la bouteille, et les mouvements dont il est animé ne sont autres que ceux du ludion imperceptible auquel il est suspendu par un fil très fin.

Ce ludion est fabriqué à l'aide d'un tuyau de plume bien transparent, long de 4 à 5 centimètres (un bout de cure-dent, par exemple). Bouchez avec de la cire à cacheter les deux extrémités de ce tube, et, avec une aiguille chauffée, percez dans l'un de ces bouchons de cire un tout petit trou. L'animal servira de lest; il maintiendra le tube verticalement dans le liquide, l'extrémité perforée en dessous. Si la bouteille est bien pleine, il vous suffira de presser légèrement sur le bouchon pour faire pénétrer un peu de vin dans l'intérieur du tube, ce qui le rend plus lourd et le fait descendre.

Le vin qui a pénétré dans le tube y a comprimé une certaine quantité d'air, et, si vous cessez d'appuyer sur le bouchon, cet air se détendra et chassera le liquide du tube. Le tube, rendu plus léger, remontera dans la bouteille, entraînant la petite figure avec lui dans chacun de ses mouvements d'ascension et de descente.

Densité de l'Acide carbonique.

'EXPÉRIENCE suivante a pour but de montrer que l'acide carbonique est un gaz beaucoup plus lourd que l'air.

Construisez un siphon en papier de la façon suivante : enroulez plusieurs fois sur une règle carrée une bande de papier fort enduite de colle ; retirez la règle et laissez sécher le tuyau ainsi obtenu ; ensuite faites-lui deux entailles obliques et réunissez les deux fractions ainsi obtenues au moyen de bandelettes de papier collées soigneusement. Vous aurez ainsi un siphon comme celui qui est indiqué sur notre dessin ; l'une des branches doit être environ trois fois plus longue que l'autre.

Cela fait, remplissez à moitié une bouteille avec de l'eau vinaigrée (une partie de fort vinaigre pour deux parties d'eau), et jetez dans la bouteille de petits morceaux de cristaux de soude, comme il y en a dans tous les ménages. Vous voyez se produire aussitôt un dégagement de bulles gazeuses ; ce sont des bulles d'acide carbonique.

Plaçons dans le goulot de la bouteille l'extrémité de la petite branche de notre siphon, tandis que l'extrémité de la grande branche reposera sur le bord d'un vase de verre, un pot à confiture, par exemple, dans lequel nous avons placé trois bougies allumées, de longueurs différentes.

L'acide carbonique pénètre dans la petite branche du siphon et descend par la grande dans le pot à confiture ; sa grande densité le fait tomber tout de suite au fond du pot, puis il monte petit à petit, par couches successives, au fur et à mesure de son arrivée. Lorsque la couche de gaz atteint la mèche de la plus petite bougie, nous voyons la flamme de celle-ci pâlir, puis s'éteindre, sans que les flammes des deux autres bougies perdent de leur éclat ; au bout d'un moment, c'est le tour de la bougie de grandeur moyenne ; enfin, si la troisième est moins haute que le bord du vase, elle finit par s'éteindre à son tour.

----------◆◆◆----------

La Bougie dans le verre de lampe.

Pour abriter contre le vent une bougie allumée, nous avons posé sur la table un verre de lampe entourant notre bougie; au bout de quelques instants nous voyons la flamme pâlir, puis s'éteindre; ce fâcheux résultat est dû à ce que les produits de la combustion se sont accumulés à la partie inférieure du verre de lampe; l'atmosphère ainsi viciée a empêché la combustion de la bougie (1).

(1) Les produits de la combustion se composent en grande partie d'acide carbonique, et nous savons que la densité de ce gaz est plus grande que celle de l'air; il faut donc créer un courant d'air pur pour le chasser de l'intérieur du verre.

Que faire pour remédier à cet inconvénient?

Nous pourrions poser notre verre sur un support à jour permettant l'arrivée de l'air pur par la partie inférieure; cet air, chauffé par la combustion de la bougie, monterait dans le verre pour s'échapper à la partie supérieure; c'est ce qui a lieu dans toutes les lampes.

Mais nous voulons indiquer une solution plus originale : posez horizontalement sur le bord supérieur du verre de lampe une tige de fil de fer, une épingle à cheveux, par exemple, qui supportera une carte de visite repliée de façon à pouvoir s'accrocher à ce fil de fer, et dont la largeur est exactement égale au diamètre du verre à sa partie supérieure. Vous aurez ainsi divisé le haut du verre en deux parties égales, au moyen de cette petite cloison, qui aura environ 5 centimètres de hauteur. A partir de ce moment, vous verrez la bougie brûler régulièrement avec une flamme très vive. Cela tient à ce que l'air frais pénètre d'un côté de la carte et descend jusqu'à la flamme, tandis que l'air vicié remonte de l'autre côté; ce double mouvement est indiqué sur notre dessin par deux petites flèches et vous le constaterez expérimentalement en approchant du bord supérieur du verre de lampe une allumette enflammée; d'un côté de la cloison la flamme sera aspirée vers l'intérieur; de l'autre elle sera au contraire repoussée au dehors.

Pour éviter toute rentrée d'air par le bas du verre, vous pouvez placer celui-ci, ainsi que la bougie, dans une assiette contenant un peu d'eau.

La Banane qui se pèle toute seule.

A défaut de machine pneumatique, nous avons vu qu'on peut créer dans un récipient un vide partiel, en chauffant l'air de ce récipient maintenu ouvert, puis en le fermant hermétiquement ; l'air intérieur se contracte en se refroidissant et le vide partiel obtenu est suffisant pour produire des effets vraiment curieux (1).

On connaît l'expérience de l'œuf dur qui entre tout seul dans la carafe, bien que le goulot de la carafe soit bien plus étroit que cet œuf.

(1) Voir, Volume I, les expériences sur le vide et la pression atmosphérique page 97.

Pour cela, on jette dans la carafe un morceau de papier allumé, et on bouche hermétiquement l'ouverture avec l'œuf dur dépouillé de sa coquille ou avec un œuf cru dont la coquille a été ramollie dans du vinaigre. Au bout d'un instant, on voit l'œuf s'allonger en s'amincissant et tomber dans la carafe en provoquant une petite détonation très amusante, due à la rentrée subite de l'air.

Voici une variante de cette expérience : la carafe est remplacée par une bouteille dans laquelle on met un peu d'alcool que l'on enflamme en y jetant une allumette allumée ; on pose sur le goulot l'extrémité d'une banane bien mûre, et l'on voit celle-ci pénétrer dans la bouteille en faisant entendre une série de petits floup... floup... très réjouissants, comme le ferait un glouton avalant ce fruit à la hâte. Si vous avez eu soin de faire deux ou trois fentes longitudinales dans la peau de la banane, vous verrez la peau se diviser en deux ou trois morceaux et rester à l'extérieur du goulot de la bouteille.

Et voilà comment vous pourrez amuser à table vos amis avec *une banane qui se pèle toute seule*.

La Revanche des Danaïdes.

REMPLISSEZ entièrement deux verres de même grandeur, l'un d'eau, l'autre de vin rouge. Posez sur le verre qui contient l'eau un petit morceau de tulle, un peu plus large que ce verre, et que vous aurez préalablement mouillé.

Rabattez autour du bord du verre le tulle qui dépasse. Appliquez votre main gauche bien à plat sur le bord du verre ainsi préparé, saisissez le pied du verre avec la main droite et retournez le verre brusquement, pour éviter le plus possible la rentrée de l'air; enlevez votre main gauche en la faisant glisser tout doucement dans le sens horizontal, et vous constaterez, à votre grande stupéfaction, que le tulle reste appliqué contre son bord, retenant l'eau dans le verre (*fig*. A), sans qu'une seule goutte s'écoule à travers le tissu, comme dans l'expérience connue du verre d'eau fermé par une feuille de papier (1). Vous arriverez très vite à réussir cette opération, dont voici la seconde partie.

Posez votre verre d'eau, ainsi retourné, sur le verre de vin qui doit être complètement plein (*fig*. B) et vous voyez aussitôt de minces filets rouges traverser les trous du tulle : c'est le vin qui monte progressivement dans le verre supérieur, et qui est remplacé, au fur et à mesure, par l'eau qui descend dans le verre situé au-dessous. Au bout de dix minutes environ, l'échange sera complet, et vous verrez le verre inférieur rempli d'eau parfaitement claire, et le verre d'en haut rempli de vin pur.

(1) La pression exercée par l'atmosphère sur 1 centimètre carré est d'environ 1 kilogr. 033. Sur un décimètre carré, elle est de 103 kilogr. 3; sur 1 mètre carré elle est de 10.330 kilogrammes. Comment cette pression formidable n'écrase-t-elle pas les objets à la surface du sol? Comment une table de 1 mètre carré peut-elle supporter ce poids de plus de 10,000 kilogrammes? Voici la réponse à cette question : dans les gaz comme dans les liquides, les pressions se transmettent dans tous les sens, et la face inférieure de la table éprouve, de *bas en haut*, une pression qui fait équilibre à la première. L'expérience du verre retourné vous prouve l'existence de cette pression de bas en haut de l'atmosphère sur le morceau de tulle ou de papier qui maintient le liquide dans ce verre.

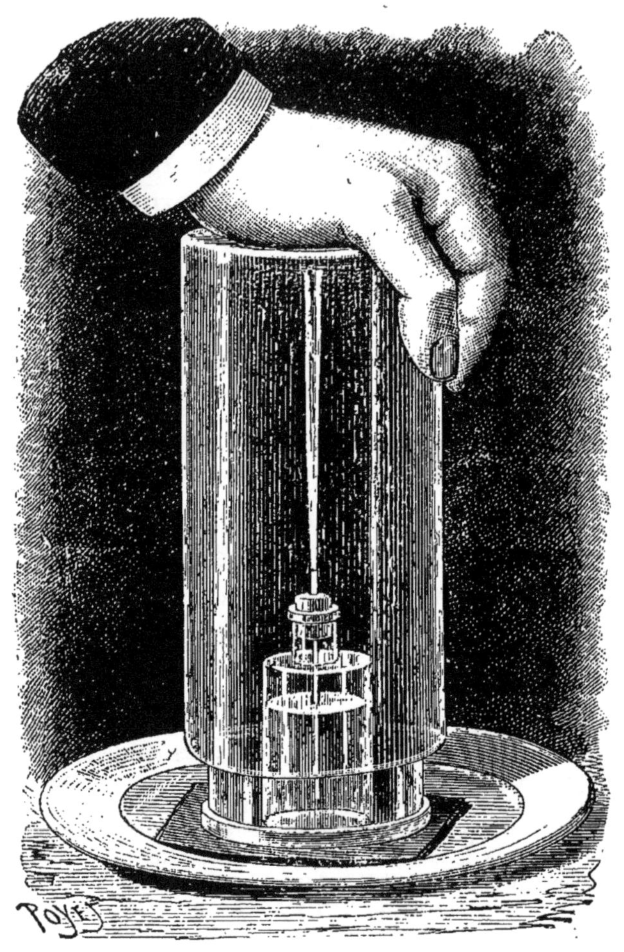

Le Jet d'eau dans le vide.

Remplissez d'eau aux trois quarts un petit flacon
de pharmacie ; traversez le bouchon d'un **petit**
tuyau de paille ou d'un brin d'herbe creux, du diamètre

le plus petit possible. Bouchez hermétiquement le flacon avec ce bouchon ; la paille devra plonger presque jusqu'au fond.

Coiffez votre flacon d'un bocal de verre renversé, après avoir chauffé quelques instants l'intérieur de ce bocal au-dessus de la flamme d'une bougie. Afin d'éviter toute rentrée d'air, vous aurez posé votre petit flacon sur plusieurs feuilles de papier buvard imbibées d'eau, placées dans une assiette. En appliquant fortement avec la main le bord de votre bocal renversé sur ce papier, vous êtes sûr que l'air extérieur ne peut plus passer entre l'assiette et les bords du bocal ; le vide partiel produit par la contraction de l'air qui se refroidit suffit dès lors à produire un jet d'eau, et si vous avez bien hermétiquement bouché votre flacon et empêché toute rentrée d'air, ce jet d'eau sera assez fort pour atteindre le fond du bocal, où il se brise en mille gouttelettes de cristal (1).

---

(1) L'expérience du jet d'eau dans le vide se fait, dans les cours de physique, au moyen de la machine pneumatique et d'un flacon analogue à celui que nous venons d'indiquer, mais dans lequel la paille est remplacée par un petit tube de verre effilé à son extrémité extérieure. Le vide pneumatique a été employé pour faire remonter aux trains la pente qui termine le chemin de fer de Paris à Saint-Germain. Ce système a été abandonné comme trop coûteux. Je mentionnerai aussi, comme application importante, celle des freins à vide employés sur les lignes de chemins de fer.

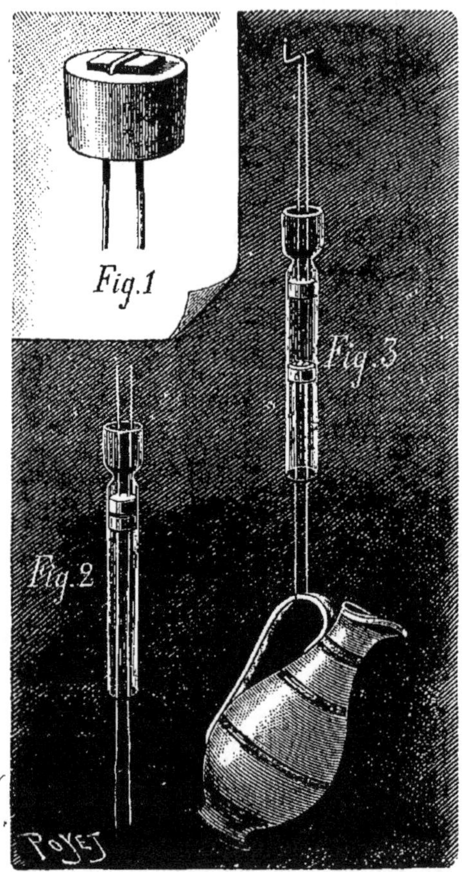

Descente d'une Cruche d'eau.

(PRESSION ATMOSPHÉRIQUE)

CHOISISSEZ un verre de lampe bien cylindrique et deux bouchons pouvant exactement s'ajuster dans son intérieur. Chacun de ces bouchons aura été traversé par une ficelle, comme l'indique la figure 1, et un petit morceau de bois empêchera que cette ficelle, lorsqu'on exercera sur elle une **traction**, ne vienne couper le bouchon et en ressortir. Introduisez maintenant vos deux bouchons dans le verre, jusqu'à l'étranglement qui précède la partie élargie. Les deux bouts de l'une des ficelles sortiront par l'une des extrémités du verre, les deux bouts de l'autre par l'autre extrémité, comme l'indique la figure 2 de notre dessin.

Les deux bouchons devront être le plus près possible l'un de l'autre. Suspendez le verre par la ficelle supérieure (*fig.* 3), attachez un corps pesant, une cruche ou un broc, par exemple, à la ficelle du bas, et versez à ce moment de l'eau dans le broc. Le poids du broc fera descendre le bouchon inférieur auquel il est suspendu, en le séparant de l'autre bouchon qui est maintenu par l'étranglement du verre; mais plus le broc descend, plus il éprouve de la résistance; par conséquent, *à mesure que le bouchon descend, il peut supporter, sans être arraché du verre, un poids de plus en plus fort*, parce que la quantité d'air existant entre les deux bouchons se raréfie à mesure que l'un s'éloigne de l'autre. Vous pourrez continuer l'expérience jusqu'à ce que le bouchon ait atteint l'extrémité inférieure du verre, et le poids de l'eau que vous aurez versé dans le broc sera, à ce moment, considérable.

Voilà une jolie démonstration de la force exercée par la pression atmosphérique; cette expérience peut être considérée comme le complément de celle que nous avons publiée dans notre premier volume, sous le titre : *Ascension d'un verre de lampe* (1).

---

(1) Voir vol. I, page 109.

Fontaine intermittente.

Comme complément à la *fontaine de Héron*, j'indiquerai la manière de construire une fontaine intermittente, et de répéter, à l'aide de cet appareil improvisé, une expérience intéressante des cabinets de physique.

Un verre de lampe à pétrole, à la panse arrondie, et

presque rempli d'eau, sera notre réservoir ; deux bouchons de pots à moutarde en fermeront les deux extrémités. Retournons-le, et passons la partie la plus mince dans l'ouverture d'un large bouchon de bocal à cornichons, découpé en anneau, et autour duquel nous aurons piqué obliquement trois fourchettes de même longueur, également réparties autour de sa circonférence, et formant le trépied qui supportera le réservoir de la fontaine.

Mettez debout, dans un plat rond, bien creux, que vous choisirez le plus grand possible, trois bouchons sur lesquels vous placerez un couvercle de boîte en fer-blanc, percé d'un trou à l'aide d'un clou ou d'un poinçon. C'est dans ce couvercle retourné que vous poserez les extrémités des manches de vos fourchettes. Le bouchon placé au bas de notre réservoir aura été percé de quatre ouvertures : l'une, au centre, sera traversée par un grand tube de macaroni, dont l'extrémité supérieure débouchera au-dessus du niveau du liquide, tandis que le bas arrivera assez près du couvercle métallique, mais sans le toucher toutefois. Les trois autres trous, faits autour du bouchon, recevront trois petits tubes d'écoulement, qui ne seront autre chose que trois brins de macaroni recourbés. (On obtient ce résultat en les ramollissant dans de l'eau tiède puis en les séchant par la chaleur.) Sur la figure, A représente le bouchon en plan, B le même en élévation, avec le tube droit d'entrée de l'air et les trois brins de macaroni recourbés.

Voici maintenant comment fonctionnera notre appareil.

L'air qui pénètre par le bas du tube central arrive

au-dessus du niveau du liquide, sur lequel il exerce sa pression, et l'écoulement se fait par les trois petits tubes inférieurs; l'eau tombe dans le récipient métallique, et, par le petit trou de ce récipient, dans le plat du dessous. Mais, comme ce trou est plus petit que la somme des orifices des trois tubes réunis, le niveau du liquide monte dans le couvercle métallique, et il arrive un moment où le bas du tube central plonge dans le liquide. Dès lors, comme l'air ne peut plus entrer dans ce tube et par suite dans le réservoir, l'air contenu dans ce réservoir se raréfie à mesure que l'écoulement continue, et il vient un moment où la pression due à la colonne d'eau contenue dans le verre de lampe et à la tension de l'air renfermé dans l'appareil, est égale à la pression extérieure qui s'exerce aux orifices d'écoulement, et l'écoulement par les trois petits tubes s'arrête pendant quelques instants. Mais il reprend de plus belle dès que l'eau du récipient métallique, qui a coulé dans le plat d'une façon continue, a baissé suffisamment dans le récipient pour ne plus boucher le bas du tube, ce qui permet l'introduction dans le réservoir de quelques bulles d'air et, par suite, un nouvel écoulement du liquide. La fontaine continuera à couler ainsi d'une façon intermittente, tant qu'il restera du liquide dans le réservoir.

Abreuvoir pour volailles.

’EAU des récipients que l’on place dans les basses-cours est vite salie par les poules qui ont la fâcheuse habitude de mettre les pieds dans le plat. De plus elle s’évapore rapidement sous l’action du soleil et doit être fréquemment renouvelée. Chacun pourra installer lui-même le petit abreuvoir dont nous donnons ci-contre le dessin, et qui fournit, au fur et à mesure des besoins, une eau limpide aux volailles. Il suffit d'attacher, contre le mur de la basse-cour, une bouteille pleine d'eau et renversée au-dessus du plat creux dans lequel viennent boire les poules; le goulot de la bouteille ne devra pas toucher le fond du plat, mais sera au-dessous du niveau du bord. La bouteille laisse écouler dans le récipient une certaine quantité d'eau; puis, dès que le liquide arrive au niveau du goulot, l'entrée de l'air dans la bouteille ne se fait plus et l'écoulement s'arrête. Si maintenant une volaille vient boire, elle fait baisser le niveau du liquide dans le plat: il rentre quelques bulles d'air dans la bouteille, et une certaine quantité d'eau s'en échappe, égale à celle qui vient d'être consommée. Il en est de même si le niveau de l'eau baisse par suite de l'évaporation.

Installez à l'ombre un ou plusieurs de ces appareils si simples, et vous verrez qu'ils seront vivement appréciés par les hôtes de la basse-cour.

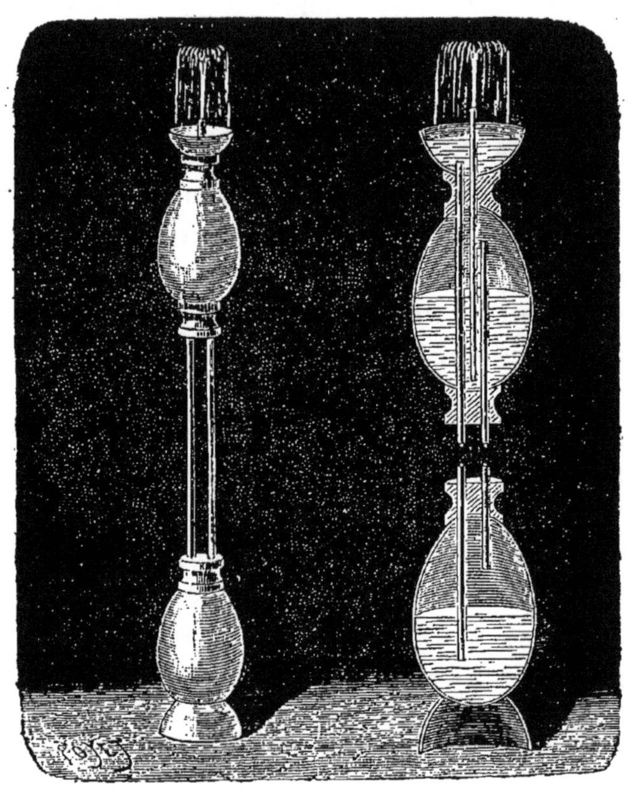

Jet d'eau de salon.

(FONTAINE DE HÉRÓN)

ES brins de paille de seigle et des coquilles d'œufs vides vont nous servir à fabriquer un charmant jet d'eau qui fonctionnera sans aucun mécanisme, et dont la construction est suffisamment indiquée en détail dans la coupe représentée par le dessin ci-contre pour nous dispenser d'une longue explication. Pour renforcer les assemblages des coquilles avec les pailles, vous vous servirez de morceaux de bouchons, découpés suivant votre goût, et vous rendrez tous les joints étanches avec de la cire à cacheter. Le brin de paille servant d'ajutage sera d'un diamètre plus petit que les autres, et son extrémité sera rétrécie encore au moyen d'un petit bouchon de cire à travers lequel vous aurez pratiqué un tout petit trou à l'aide d'une aiguille chauffée au feu.

Cet appareil n'est autre chose que la fontaine de Héron, bien connue dans les cabinets de physique (1). Voici comment elle fonctionne.

Il faut d'abord l'amorcer en versant de l'eau dans la coquille supérieure que nous appellerons A. Pour cela, nous n'avons qu'à injecter cette eau à l'aide de notre bouche, par le petit ajutage du tube servant à l'écoulement. Si alors nous remplissons d'eau la cuvette, le liquide descendra dans la coquille B du bas, et en chassera l'air peu à peu. Cet air, refoulé dans la coquille A où il se rend par le second tube de paille, se comprimera de plus en plus et fera jaillir l'eau de A par le petit ajutage. Vous aurez ainsi, pendant quelques minutes, le spectacle d'un jet d'eau dans votre appartement, et ce jet s'élèvera d'autant plus haut que la distance entre les deux coquilles sera plus grande.

---

(1) La fontaine de Héron est ainsi nommée du nom de son inventeur qui vivait à Alexandrie 120 ans avant Jésus-Christ.

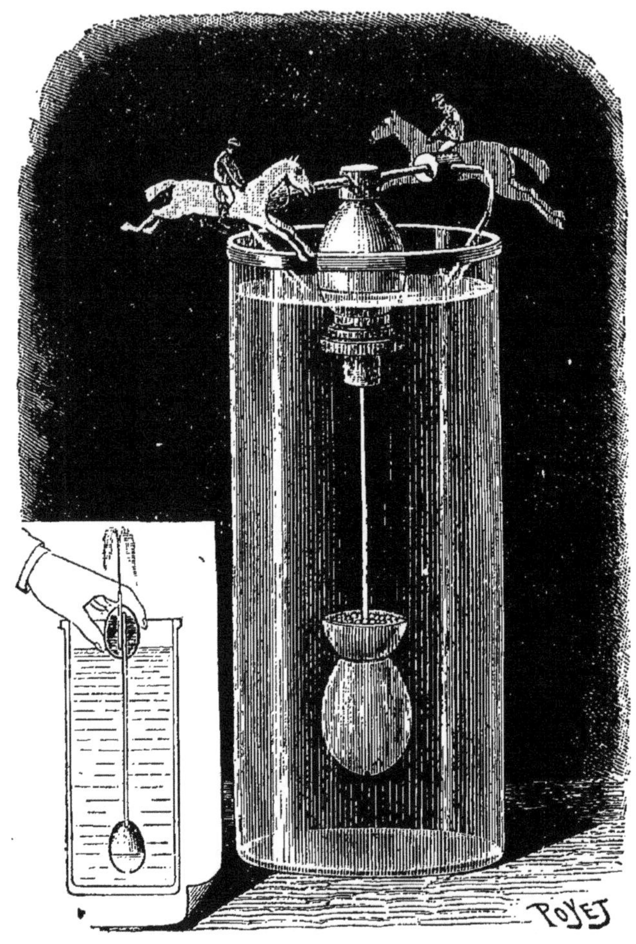

Une Gerbe de vin sortant de l'eau.

COURSES DE CHEVAUX DANS UN BOCAL

oici la manière de fabriquer les deux appareils dont nous donnons ci-dessus le dessin; ce dessin a été exécuté d'après deux modèles faisant partie de mon petit musée, et qui fonctionnent parfaitement. Le premier nous permettra de faire sortir de l'eau une gerbe de vin. Percez deux coquilles d'œufs de deux petits trous, un trou à chaque bout. Réunissez-les par une grosse paille de seigle de 25 centimètres de longueur environ, traversant presque entièrement l'œuf supérieur, que j'appellerai A, et s'arrêtant au sommet de l'œuf inférieur B. Une autre paille, assez courte (6 à 8 centimètres), et taillée en sifflet, est enfoncée dans la seconde ouverture de A, et pénètre presque jusqu'au fond. Ce sera l'ajutage. Vous consoliderez les joints et les rendrez étanches à l'aide de cire à cacheter.

L'ouverture inférieure de l'œuf B demeure libre. Sa largeur est d'un demi-centimètre.

Si vous avez préalablement rempli de vin rouge l'œuf A, et que vous plongiez tout le système dans un bocal rempli d'eau, l'eau pénètre par l'ouverture de B laissée libre et comprime l'air qu'il renferme. Cette pression, transmise à travers la paille à l'œuf A, fait jaillir le vin par le petit ajutage à une hauteur d'autant plus grande que la paille est plus longue et le vase plus profond (1).

Cette curieuse expérience va nous permettre de construire le jouet suivant : placez sur l'ajutage un tourniquet hydraulique fait au moyen d'un bouchon percé de trois trous, l'un inférieur, laissant pénétrer l'ajutage venant de l'œuf A, et les deux autres latéraux recevant deux petites pailles horizontales, dont les extrémités sont coudées en sens inverse.

---

(1) Cet appareil n'est qu'une variante simplifiée de la fontaine de Héron.

L'appareil étant tourné de haut en bas, versez de l'eau dans le trou de B jusqu'à ce qu'elle s'écoule par les pailles du tourniquet. Cela indique que A est bien rempli. Retournez alors l'appareil après avoir fixé un large bouchon sous A pour le faire flotter, et muni B d'une petite coupe remplie de grains de plomb servant de lest ; vous n'aurez plus alors besoin de maintenir l'appareil avec la main, il flottera verticalement dans l'eau ; l'eau s'écoulera latéralement par les deux pailles horizontales, et l'ensemble se mettra à tourner jusqu'à ce que toute l'eau contenue dans A se soit écoulée.

Vous agrémenterez l'expérience en collant, sur les coudes du tourniquet hydraulique, deux petits cavaliers découpés dans du carton, qui donneront le spectacle de courses de chevaux dans un bocal.

Pour recommencer l'expérience, il suffit de retourner l'appareil de bas en haut en fermant avec le doigt l'ouverture de B, et en maintenant le plomb dans le godet, soit avec la main, soit avec une rondelle de carton. L'eau passe alors dans A, et l'appareil, redressé, est de nouveau prêt à fonctionner.

Au lieu d'œufs de poule, je conseille d'employer pour la construction de ces deux appareils, des coquilles d'œufs d'oie. Leur capacité plus grande permet d'augmenter la durée des expériences, et leur épaisseur permet de percer les trous sans faire de fentes, opération toujours délicate, qu'il faut faire avec une pointe de canif ou de ciseaux assez fine.

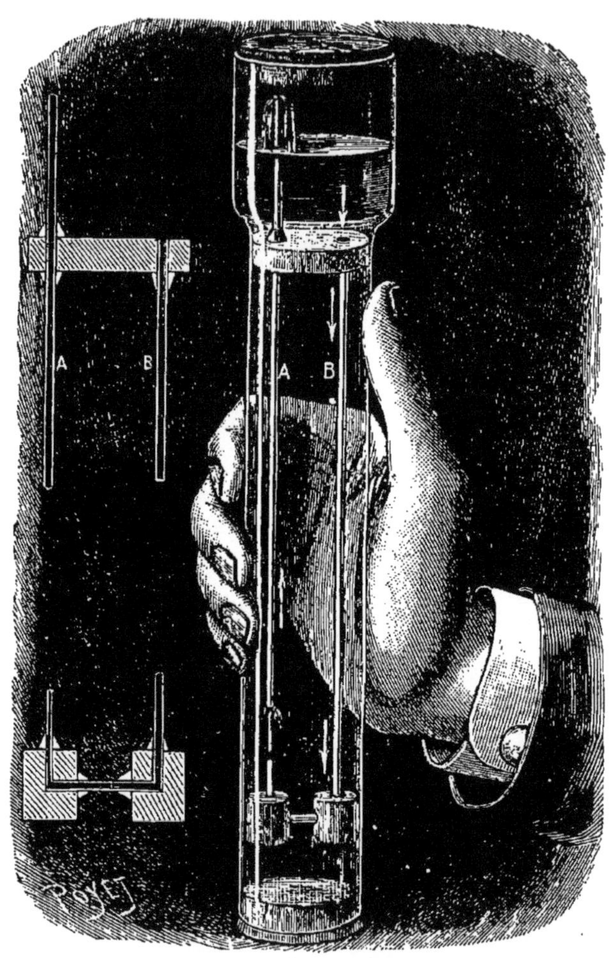

Un Paradoxe hydraulique.

Nos lecteurs sont déjà initiés à la construction d'un certain nombre d'appareils dans lesquels on emploie, en guise de tuyaux, des brins de paille enfoncés dans des bouchons, et dont les joints avec ces derniers sont renforcés par de la cire. J'indiquerai donc très sommairement, et sans entrer dans les détails, le mode de construction de l'appareil qui va nous servir pour l'expérience du *paradoxe hydraulique*.

Dans un verre de lampe retourné, placez trois bouchons plats, l'un à l'extrémité du cylindre étroit, l'autre à l'extrémité de la partie élargie, le troisième dans le cylindre étroit à l'endroit où commence l'augmentation du diamètre. Ces trois bouchons doivent former une fermeture hermétique ; ceux du haut et du bas peuvent être, dans ce but, garnis d'une peau de gant. Le bouchon intermédiaire est percé de deux trous, traversés par deux grosses pailles de seigle. La première paille B, effleure le dessus du bouchon intermédiaire et son extrémité inférieure s'arrête à 2 centimètres environ du bas du verre. Ici, il faut un double coude, que nous obtenons à l'aide de deux petits bouchons, comme on le voit sur le détail donné à gauche et au bas de notre dessin. Le bout de paille horizontal aura le même diamètre que B et une longueur, entre les bouchons, de 1 centimètre environ. Le brin de paille vertical formant le second coude, et qui va nous servir d'ajutage, aura 2 centimètres de long, et un diamètre très faible ; la seconde paille A, de la grosseur de B, traversera le bouchon intermédiaire pour s'arrêter en haut, tout près du bouchon supérieur, et, en bas, à une petite distance de l'orifice de l'ajutage. Pour monter l'appareil, voici l'ordre à suivre : mettre le bouchon inférieur, installer à part le bouchon intermédiaire avec les pailles, et descendre le tout dans le verre de lampe ; bien fixer le bouchon intermédiaire, et enduire le pourtour avec de la cire. Remplir d'eau, aux trois quarts, le petit réservoir supérieur et mettre le bouchon du haut.

Si nous tenons le tube verticalement dans notre main, nous voyons un petit jet d'eau se produire à l'extrémité de l'ajutage, mais, au lieu de voir cette eau retomber ensuite au fond du verre de lampe, sur le bouchon inférieur, nous constatons qu'elle s'élance dans le tuyau A et remonte jusqu'à son extrémité supérieure pour revenir dans le petit réservoir. Or cette eau était sortie du réservoir par l'orifice du tuyau B, situé à un niveau moins élevé que celui auquel elle revient, ce qui semble renverser toutes les idées admises sur l'écoulement de l'eau, *qui ne peut pas s'élever d'elle-même plus haut que son point de départ.*

Voici maintenant ce qui se passe : disons tout de suite, au grand chagrin des chercheurs du mouvement perpétuel, que toute l'eau ne remonte pas dans le réservoir supérieur ; une partie retombe au bas du cylindre. Quant à l'autre, celle qui nous intéresse, elle est *aspirée* dans le réservoir par le tube A, de bas en haut, en vertu du vide partiel créé dans ce réservoir par l'écoulement du liquide.

Ce curieux phénomène dure quelques minutes, pendant lesquelles le liquide descend, remonte en partie pour redescendre de nouveau, etc. Quand il est terminé, on retire le bouchon inférieur pour évacuer le liquide, puis on replace ce bouchon ; on remet de l'eau dans le réservoir supérieur, on rebouche également, et voilà l'appareil préparé pour une nouvelle expérience.

Le Vin changé en eau.

Prenez un pot de moutarde plein d'eau aux trois quarts, et percez le bouchon de deux trous destinés à recevoir deux tuyaux de grosse paille de seigle, et longs d'environ 15 centimètres. L'un de ces brins de paille plonge dans le liquide, comme l'indique notre dessin; l'autre pénètre seulement dans le haut du flacon. Chacun de ces tubes porte à son extrémité supérieure une coque de noix dont le fond est percé d'un trou que traverse le tube. Si nous versons de l'eau dans la noix supérieure, cette eau coule dans le flacon et fait monter le niveau du liquide ; mais, comme on a enduit le bouchon de cire à cacheter, afin d'empêcher toute sortie de l'air, l'air contenu dans le flacon se trouve comprimé, et force une certaine quantité d'eau à monter dans la paille plongeant dans le liquide ; cette eau s'échappe par un trou percé dans la seconde coque de noix, et muni d'une petite paille latérale. Il sort juste une quantité d'eau égale à celle qui est entrée par l'autre paille, de sorte que vous pourrez assimiler le remplissage du flacon à celui du tonneau des Danaïdes ; à partir d'un certain moment, il vous sera impossible de remplir votre flacon.

Cette expérience, fort curieuse par elle-même, peut donner lieu à la variante suivante :

Remplacez le flacon en verre transparent par une bouteille de verre fortement coloré, afin de cacher ce qui se passe à l'intérieur ; disposez-y deux pailles et deux coques de noix comme ci-dessus ; annoncez maintenant que l'appareil sert *à changer le vin en eau.* Vous aurez seulement mis de l'eau dans la bouteille, aux trois quarts de sa hauteur environ ; versez alors le vin dans la noix supérieure ; il tombe dans la bouteille goutte à goutte et reste à la surface, et c'est l'eau placée à la partie inférieure qui s'écoulera par le tube de sortie.

Voilà une manière originale, si la bonne a oublié la carafe, de verser à boire à une voisine qui ne boit que de l'eau, et cela au moyen de la bouteille de vin.

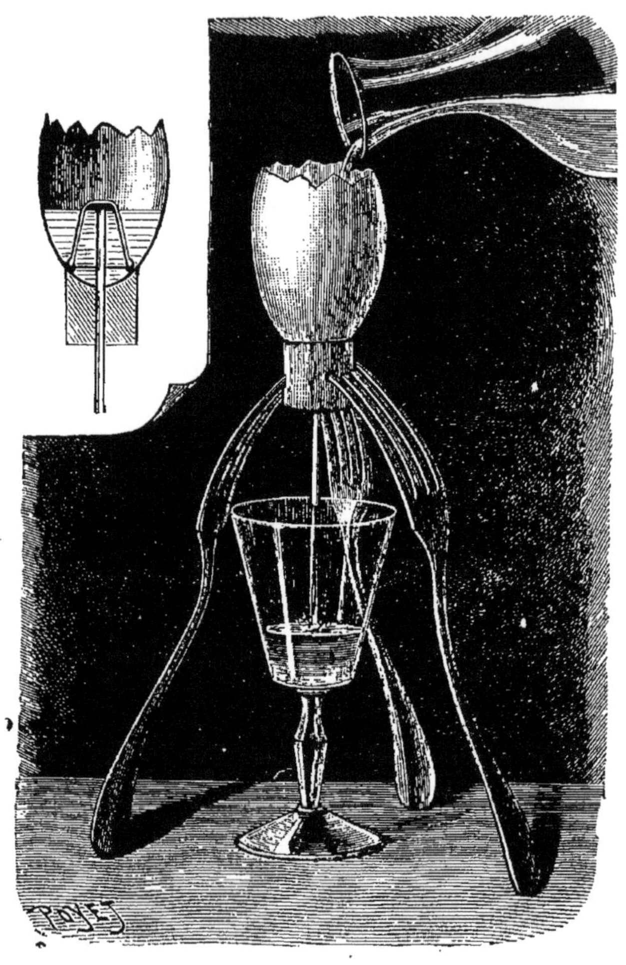

Le Vase de Tantale.

ᴘᴇʀçᴏɴs l'extrémité inférieure d'une coquille d'œuf, largement ouverte à l'autre bout, et introduisons par le trou un petit brin de paille.

Recouvrons avec un dé à coudre l'extrémité de la

paille qui pénètre ainsi dans l'œuf et qui doit arriver tout près du fond de ce dé, mais sans le toucher. L'extrémité inférieure de la paille traversera une rondelle de bouchon, servant de support à la coquille, et dans laquelle nous piquerons obliquement trois fourchettes formant une sorte de trépied.

Afin de rendre étanche le joint de la paille et de la coquille, vous le garnirez de quelques gouttes de cire à cacheter, qui serviront également à coller la base de l'œuf sur la rondelle de bouchon, légèrement évidée en forme de coupe. La figure à gauche de notre dessin nous indique exactement le mode de construction. Placez un verre au-dessous de l'appareil, et vous voilà prêt à répéter l'expérience connue dans les cabinets de physique sous le nom de *Vase de Tantale*, et qui repose sur la théorie du siphon.

Il vous suffit pour cela de verser de l'eau dans la coquille d'œuf; cette eau monte jusqu'à ce que son niveau atteigne le haut du dé à coudre; à ce moment le siphon est amorcé, un brusque écoulement d'eau se produit par le tuyau de paille dans le verre, et l'œuf se trouve vidé de toute l'eau qu'il contenait. Si vous continuez à verser régulièrement l'eau de la carafe dans la coquille, vous pouvez faire ainsi constater aux assistants que l'œuf se vide par un écoulement intermittent et périodique (1).

---

(1) La disposition du Vase de Tantale est reproduite industriellement dans les *appareils de chasse* pour les égouts. Une petite quantité d'eau, coulant d'une façon continue, remplit graduellement le réservoir de chasse; lorsque l'eau a atteint un certain niveau, une cloche formant siphon se trouve amorcée, et le réservoir se vide en quelques secondes, produisant périodiquement la chasse d'eau destinée à balayer toutes les matières solides qui se sont déposées sur le fond de l'égout.

**Aplatissement de la terre aux pôles;
Son renflement à l'équateur.**

'APPAREIL très simple que nous allons construire nous permettra d'expliquer à un enfant comment, par suite de sa rotation sur elle-même, la terre, qui était une masse pâteuse avant de devenir solide, se trouve aplatie aux deux pôles et renflée à l'équateur.

Il nous suffira, pour cela, d'employer le jouet bien connu : le *ronfleur*, qui consiste en une rondelle de carton percée vers son centre de deux trous traversés chacun par une ficelle, et que l'on fait tourner en tordant ou en détordant ces ficelles par la traction des mains. La grande vitesse de rotation ainsi obtenue va nous être utile pour notre démonstration.

Enfoncez dans l'épaisseur du carton quatre tiges de fil de fer (des moitiés d'épingle à cheveux conviendront parfaitement), et de telle sorte que ces tiges soient placées aux extrémités de deux diamètres de la rondelle, tracés à angle droit l'un de l'autre.

Faites maintenant deux anneaux circulaires en papier fort, de la largeur d'un doigt et ayant un diamètre un peu plus grand que la rondelle de carton ; mettez-les l'un dans l'autre, à angle droit, et collez les deux portions de ces anneaux qui se recouvrent. Sur ces deux parties superposées vous écrirez les mots : *pôle sud* et *pôle nord*.

Les anneaux eux-mêmes représenteront deux méridiens, placés à angle droit.

Percez quatre trous au milieu des quatre arcs formant ces méridiens, et situés par conséquent sur l'équateur, et traversez ces quatre trous par les tiges de fil de fer ; les deux anneaux seront ainsi reliés à la rondelle de carton centrale, mais ils pourront, si on les aplatit, glisser le long du fil de fer qui les soutient sans toutefois les maintenir dans une position fixe. Les deux fils passant par les deux trous de la rondelle seront ensuite réunis, et entreront dans les deux trous percés au pôle Nord et au pôle Sud, représentés par les parties des anneaux qui se recouvrent, et que nous avons collées ensemble. Notre dessin indique très clairement l'aspect de l'appareil ainsi construit.

Si maintenant vous faites tourner la rondelle de façon à tordre les ficelles et que vous tiriez ensuite sur ces ficelles pour donner à la rondelle son mouvement rapide de rotation, vous voyez les deux méridiens perdre leur forme circulaire; un élargissement très visible se constate autour de la rondelle et figure le renflement de la terre à l'équateur, tandis que les parties correspondant aux deux pôles s'aplatissent. Ce phénomène de déformation est dû à la force centrifuge (1).

(1) Voir, vol. I, deux expériences sur la force centrifuge : *le Verre d'eau retourné avec la main* (p. 93) et *l'Œuf valseur* (p. 95).

Manière de distinguer à distance un œuf dur
d'un œuf cru.

ENTOUREZ un œuf cru A d'un anneau de caoutchouc, dans le sens de sa longueur; faites de
même pour un œuf dur B, et suspendez-les tous deux
au moyen de deux fils de fer dont les extrémités en crochet sont passées dans les caoutchoucs. Cela fait, tour-
nez les deux œufs entre vos doigts de manière à tordre
les deux caoutchoucs d'un même nombre de tours, puis
abandonnez-les à eux-mêmes. L'œuf dur B tournera

vivement dans un sens, puis dans un autre, et cela plusieurs fois avant de s'arrêter. L'œuf cru A, au contraire, s'arrêtera presque aussitôt. Cela tient à ce que, dans l'œuf dur, la masse intérieure tout entière est solidaire de la coquille et tourne avec elle, tandis que, dans l'œuf cru, on a transmis à la coquille seule le mouvement de rotation, sans que la masse liquide intérieure participe à ce mouvement.

Une autre manière, celle-ci encore plus simple, de distinguer un œuf dur d'un œuf cru est la suivante : faites tourner vos deux œufs sur un plateau ou une grande assiette ; posez sur eux votre main un instant, pour arrêter leur mouvement ; en relevant la main, vous constatez que l'œuf dur est définitivement au repos, mais que l'œuf cru continue à tourner comme auparavant (1). Ce phénomène provient de ce que la masse liquide intérieure a continué son mouvement, malgré l'arrêt de la coquille, et qu'elle transmet ce mouvement à la coquille dès que cette dernière est libre de nouveau.

-----

(1) Dans l'expérience de l'œuf valseur, indiquée au vol. I, p 95, nous avons déjà dit de prendre l'œuf dur et non pas cru. Avec un œuf cru, l'expérience serait impossible ; il faut que la masse intérieure fasse corps avec la coquille pour participer à son mouvement.

Le Lavage de l'or.

Avec de la cire à cacheter, collez, contre le fond d'un bol de faïence, et à l'intérieur, l'extrémité d'une baguette de bois, une règle d'écolier, par exemple. A l'extérieur de ce fond, collez de même un bouchon ordinaire traversé par une grosse aiguille faisant saillie hors de ce bouchon. L'axe de la règle et l'aiguille devront être autant que possible au centre du bol, et sur le prolongement l'un de l'autre, comme l'indique la coupe verticale en haut de notre dessin.

Voici d'autre part un vase plein de sable ou de grès pilé, comme on en trouve dans les cuisines. Nous y jetons une parcelle de plomb presque invisible, un petit grain de cendrée, par exemple, que nous mélangeons avec le sable de façon à ce qu'il y soit complètement caché; je vous propose de le retrouver en quelques secondes. Plaçons l'appareil de tout à l'heure dans une soupière (le dessinateur a figuré un aquarium en verre, pour rendre l'expérience plus visible), de telle sorte que l'aiguille s'appuie sur le fond de la soupière, tandis que nous maintiendrons verticalement la règle avec la main. Versons de l'eau dans la soupière jusqu'à 2 centimètres au-dessus des bords du bol, remplissons ce dernier avec quelques poignées de notre sable, et tournons le bol, d'abord à droite et à gauche alternativement, pour permettre à la parcelle de plomb, si elle s'y trouve, de descendre au fond par suite de sa densité qui est supérieure à celle du sable. Puis, en tournant rapidement le bol, toujours dans le même sens, nous voyons le sable s'en échapper par l'effet de la force centrifuge, et, en continuant à mettre successivement du sable et à le chasser, nous finissons par trouver seul au fond du bol le fragment de métal qu'il s'agissait de retrouver.

Cet appareil est analogue à ceux dont on se sert pour extraire l'or des sables aurifères; il pourra rendre de grands services pour rechercher dans les balayures des ateliers de bijoutiers et de batteurs d'or les parcelles de métal précieux qui s'y trouvent ordinairement mélangées.

Les Allumettes gourmandes.

ORSQU'ON appelle les enfants pour les laver, beaucoup d'entre eux ne manifestent, pour cette opération, aucun enthousiasme ; quelques-uns même s'enfuient ou se cachent à la vue du savon et de la cuvette. Mais, si vous leur présentez un morceau de sucre, vous les voyez tous accourir avec empressement.

L'expérience suivante vous permettra de leur montrer qu'ils ne sont pas seuls à agir de la sorte, et que les allumettes elles-mêmes suivent leur mauvais exemple !

Il vous est facile de les convaincre en mettant quelques allumettes sur l'eau contenue dans la cuvette. Disposez-les en étoile, les unes près des autres, et, au centre de cette étoile, enfoncez dans l'eau un petit morceau de savon taillé en pointe ; aussitôt, voilà toutes vos allumettes parties ; elles s'éloignent brusquement comme si le savon leur faisait horreur.

Il s'agit de les ramener ; pour cela, il faut user du moyen que j'ai indiqué plus haut pour attirer les jeûnes fugitifs : présentez-leur un morceau de sucre, que vous trempez dans l'eau, et vous verrez toutes vos allumettes se précipiter dessus rapidement (1). Vous pouvez remplacer les allumettes par de petits morceaux de bois ayant la forme de poissons, afin de rendre l'expérience plus attrayante.

---

(1) Tout se passe à la surface des liquides comme s'ils étaient recouverts d'une membrane élastique très mince, dont la force de contraction varie avec la nature du liquide.

Le morceau de savon, en se dissolvant au milieu des allumettes, diminue l'élasticité de la membrane intérieure, et les allumettes cèdent à la traction extérieure. On a là un phénomène de capillarité montrant l'existence de ce qu'on appelle en physique la *tension superficielle des liquides*, sur laquelle nous ne pouvons insister ici.

L'ascension de l'eau dans le sucre détermine un courant allant des bords de la cuvette vers le sucre ; ce courant ramène les allumettes au milieu de la cuvette.

Les Montagnes russes.

Si vous faites tomber une goutte d'eau sur une feuille de papier, elle s'y étendra en un large cercle ; on dit alors que l'eau *mouille* le papier.

Mais si vous avez huilé ce papier ou que vous l'ayez enduit de noir de fumée, ou de tout autre corps, que l'eau ne mouille pas, votre goutte d'eau roulera sur ce papier, comme une boule légèrement aplatie. Nous allons utiliser cette propriété dans le jeu que je vous proposerai d'installer aujourd'hui.

Prenez une bande de papier un peu fort et la plus longue possible; plusieurs morceaux collés bout à bout conviendront parfaitement. Passez votre papier au-dessus de la flamme fumeuse d'une lampe, ou, pour éviter toute odeur, enduisez-la complètement de plombagine sur l'une de ses faces. Placez debout sur la table plusieurs livres de largeur décroissante; épinglez sur leurs dos la bande de papier, mais en ayant soin de lui donner des ondulations de plus en plus accentuées à mesure que vous vous éloignez du plus grand livre pour aller vers le plus petit. A la suite du petit livre, faites aboutir l'extrémité du papier dans une assiette. A l'autre bout, du côté du grand livre, versez goutte à goutte de l'eau sur le papier. Ces gouttes rouleront sur le plan incliné qu'elles rencontrent, puis, par suite de la vitesse acquise, remonteront par-dessus le dos du second livre, et ainsi de suite jusqu'à ce qu'elles arrivent, l'une après l'autre, dans l'assiette (1).

Rien de plus curieux que le spectacle de ces gouttes d'eau montant et descendant tour à tour, et semblant lutter de vitesse les unes avec les autres.

---

(1) Les premières gouttes de pluie, au début d'un orage, tombant sur la poussière de la route prennent également la forme de petites boules et rebondissent sur le sol comme des balles élastiques.

Une goutte d'eau sur une plaque de fonte rougie au feu prend aussi la forme d'une boule aplatie (état sphéroïdal); elle est protégée contre l'action du feu par le matelas de vapeur interposé entre elle et la plaque.

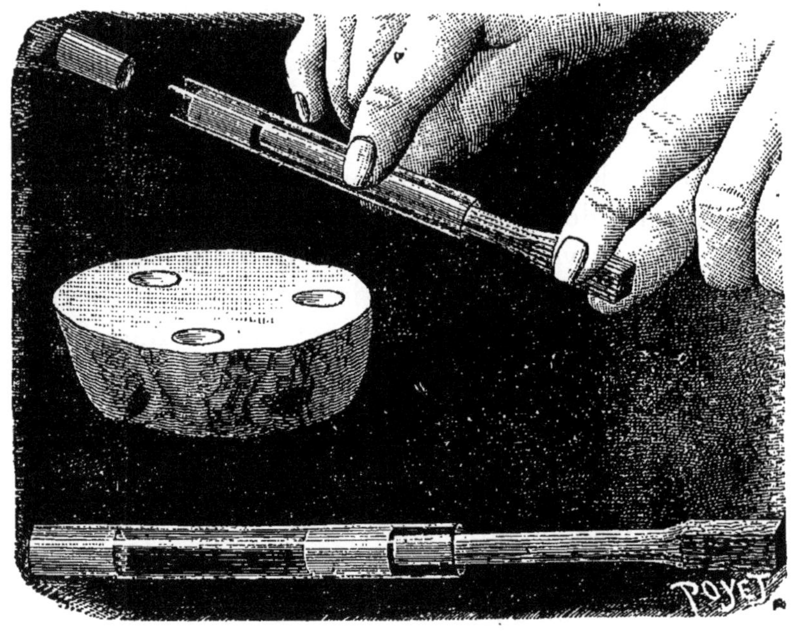

Pistolet à air comprimé.

E jouet qu'il s'agit de construire ici est proche parent de la canonnière que nous avons fabriquée dans notre enfance, à l'aide d'une branche de sureau, vide de sa moelle, et d'un morceau de bois rond se mouvant comme un piston dans ce cylindre improvisé. On préparait deux grosses boulettes d'étoupe bien humide, placées l'une à la bouche de la pièce, l'autre à la culasse, et l'on poussait cette dernière boulette à l'aide du piston jusqu'à ce que l'air, comprimé entre les deux boulettes d'étoupe, chassât celle qui était en avant, en produisant une détonation qui nous remplissait d'aise.

Mais la préparation de ce jouet n'était pas chose facile; il fallait d'abord trouver le sureau, puis en extraire la moelle sans le fendre. Remplaçons donc l'antique canonnière par un petit appareil plus moderne, le pistolet de salon à air comprimé. Notre cylindre sera un bout de tuyau de plume d'oie, de 8 centimètres de long environ ; le piston, un manche de porte-plume ou un morceau de règle d'écolier, arrondi en cylindre sur une partie de sa longueur; la partie qui restera carrée sera la poignée de ce piston. Quant aux projectiles, ils doivent être inoffensifs, élastiques et légèrement humides. Vous trouverez dans un modeste légume la matière réunissant ces diverses qualités. Coupez une pomme de terre en tranches de l'épaisseur du doigt, et, en appuyant sur une de ces tranches chaque bout du tuyau, vous y découperez à l'emporte-pièce deux rondelles ayant exactement le calibre du pistolet. Vous pourrez, à l'aide de cet appareil, organiser un tir de salon fort amusant, en pratiquant, au centre d'une feuille de papier ou de carton servant de cible, une ouverture circulaire que les projectiles devront traverser si vous avez visé juste.

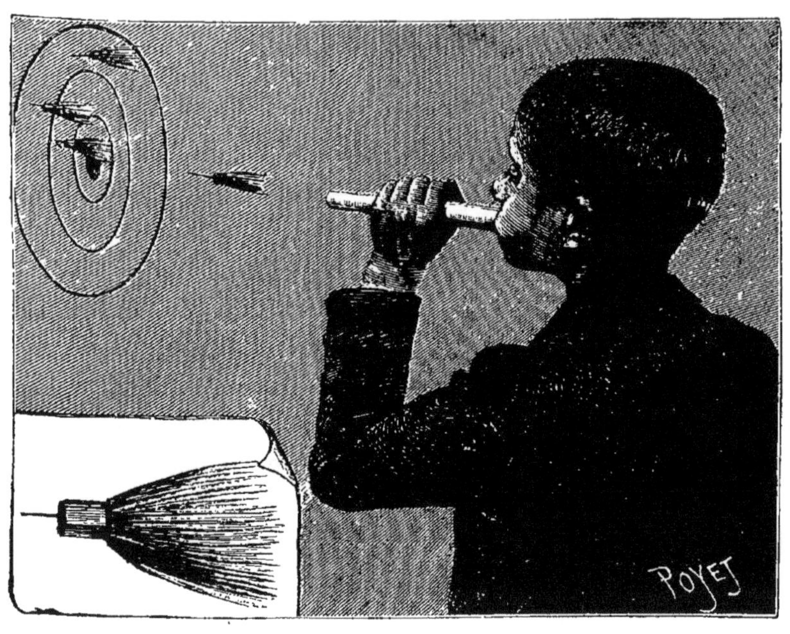

Tir à la sarbacane.

NE jetez pas les pinceaux usés de vos boîtes à couleurs, mais conservez-les pour organiser un tir à la sarbacane, d'une force et d'une justesse étonnantes. Arrachez du tuyau de plume la touffe du pinceau et introduisez à l'intérieur de ce petit paquet de poils une épingle, dont la pointe traversera la partie du pinceau reliée par une ligature de fil, puis ressortira à l'extérieur. Vous aurez ainsi le projectile.

La sarbacane sera un tube de papier obtenu en enroulant plusieurs fois une feuille de papier enduite de colle

autour d'un gros porte-plume ou d'une tige ronde quelconque ; contrairement aux autres armes dont le calibre
doit rigoureusement correspondre à la grosseur du projectile, le diamètre intérieur de notre tube de papier
(que vous pouvez remplacer par un tube de verre, de
roseau, etc), peut varier dans d'assez grandes limites.

Réciproquement, quel que soit le diamètre du tube
la dimension des pinceaux importe peu ; les gros, les
petits, tout est bon. Mettez un des projectiles-flèches, la
pointe en avant, à l'entrée du tube, placez-vous en face
d'une cible en carton et soufflez vigoureusement. L'air
insufflé commence par écarter les brins du pinceau, qui
est pris à rebrousse-poil, et par les appliquer contre les
parois du tube ; ce tube étant ainsi momentanément
fermé, l'air de votre souffle s'y comprime et dès lors
tout se passe comme dans une sarbacane ordinaire ; la
flèche, violemment projetée, vient frapper la cible et s'y
fixer par sa pointe, permettant ainsi de constater votre
adresse ; les poils du pinceau ont servi à maintenir sa
position horizontale pendant tout le trajet, et vous serez
surpris de la distance que peuvent franchir les petits
projectiles : au moins 5 ou 6 mètres !

Le Ballon fidèle.

L'ENFANT auquel vous avez acheté, la veille, un petit ballon de caoutchouc gonflé au gaz, se désole en voyant à son réveil le ballon partiellement dégonflé, et gisant, flasque et terne, sur le plancher de la chambre.

Mais il sera vite consolé lorsque vous lui aurez montré que, précisément à cette période, le petit ballon peut servir à l'expérience suivante :

Portez le ballon dans un coin de l'appartement,

posez-le sur le bord d'une table ou sur une chaise, puis éloignez-vous de lui, faites mille tours et détours, passez d'une chambre à l'autre, traversez les corridors, etc. En vous retournant, au bout de quelque temps, vous constaterez avec stupéfaction que le petit ballon est derrière vous ; il a roulé à terre au moment de votre départ, et, rasant le sol, il vous a suivi à la distance de 1 ou 2 mètres, comme s'il était attaché à vous par un fil invisible.

Arrêtez-vous, le ballon s'arrête ; reprenez votre marche, il vous suit de nouveau en rebondissant légèrement sur le sol ; allez doucement, il règle sa vitesse sur la vôtre afin de conserver sa distance ; courez, il vole sur la trace de vos pas : c'est le chien fidèle qui suit son maître (1).

Ce phénomène très simple est dû, vous l'avez compris, au déplacement de l'air causé par la personne qui marche ; il se produit, immédiatement derrière elle, un vide partiel et par suite une aspiration qui provoque le mouvement des corps légers, tels que le ballon que nous avons pris pour exemple. L'expérience du ballon fidèle réussira d'autant mieux que la quantité d'air déplacée sera plus grande ; les dames l'exécuteront donc plus facilement que les messieurs, grâce au plus grand volume d'air déplacé par leurs jupes. Les hommes seront forcés d'aller un peu plus vite.

---

(1) Le même fait se produit avec les feux follets qui sont souvent l'objet de la terreur populaire. La petite flamme court après le peureux qui prend la fuite, par suite de l'aspiration d'air qu'il produit en courant. En s'éloignant lentement, le coureur aurait laissé le feu follet en route.

La Pièce qui saute.

Posez une pièce de 50 centimes sur une table, et proposez à l'un de vos amis de la prendre, mais *sans toucher ni à la pièce, ni à la table !*

Pour exécuter cette expérience, il suffit de maintenir la main entr'ouverte à une faible distance du bord de la table, près duquel la pièce est posée, et de souffler brusquement sur la table, à environ 4 ou 5 centimètres en avant de la pièce. L'air, comprimé par votre souffle, pénétrera sous la pièce et aura assez de force élastique pour la faire sauter de la table dans votre main. Avec un peu d'habitude, vous y arriverez facilement.

Le dessin ci-contre indique, mieux que toute explication écrite, la position respective de l'opérateur, de sa main et de la pièce; il a, de plus, l'avantage de faire connaître à nos lecteurs la physionomie de notre collaborateur et ami Poyet, le consciencieux artiste dont les dessins ont contribué pour une large part au succès de la *Science amusante*.

Le Soufflage d'une bougie.

Essayez de souffler sur une carte de visite inter-
posée entre la bougie et vous, ou sur un de ces
petits écrans en carton dont sont munies les bougies
du piano ou de la table de jeu ; il est évident que la
bougie ne s'éteindra pas, puisque l'air ne peut traverser le carton opaque ; mais il se produira un fait
curieux : *la flamme de la bougie viendra vers vous,*
inclinant sa pointe du côté d'où vous soufflez, comme
si elle était soufflée par une personne placée en face

de vous! Votre souffle, frappant le carton de l'écran,
a été renvoyé vers vous avec assez de force pour entraî-
ner avec lui une certaine quantité de l'air entourant la
flamme; celle-ci se trouve donc momentanément dans
un courant d'air allant en sens inverse de votre souffle.

La Bouteille cassée.

Voici comment vous pourrez tirer parti d'une bouteille dont le goulot est cassé.

Remplissez d'huile le fond de la bouteille, jusqu'à la hauteur où vous voulez qu'elle soit nettement coupée; posez-la sur une table bien horizontale, et plongez brusquement dans l'huile l'extrémité d'un tisonnier rougi au feu; vous entendez un claquement se produire, et vous constatez que la bouteille s'est coupée régulièrement au ras du liquide (1).

----

(1) Comme le verre est un corps mauvais conducteur de la chaleur, il faut un certain temps, s'il est épais, pour que la haute température communiquée à l'intérieur de la bouteille se transmette au dehors et provoque la dilatation

Vous transformez ainsi en un récipient présentable votre bouteille cassée; un verre ébréché pourra de la même façon être transformé en un verre neuf.

En enlevant à diverses reprises une certaine quantité d'huile et en coupant chaque fois la bouteille comme je viens de l'indiquer, vous découpez celle-ci en une série d'anneaux de verre fort curieux.

---

de la partie extérieure. Si l'élévation de température est brusque, comme dans l'expérience ci-dessus, la dilatation ne peut se faire qu'à l'intérieur, et par suite il y a rupture.

C'est pour cette raison qu'un verre froid se brise si nous y versons de l'eau trop chaude, surtout si le verre est épais. Je parle, bien entendu, du verre ordinaire et non du verre trempé, dont le principal avantage est précisément de pouvoir supporter les brusques variations de température.

On peut couper une bouteille en hélice avec un morceau de charbon de bois incandescent en y produisant une série de fentes, mais les lignes de rupture ne sont jamais bien nettes. On peut aussi remplir la bouteille d'eau très froide et promener à l'extérieur l'extrémité du tisonnier portée au rouge; c'est l'opération inverse de celle que nous avons indiquée plus haut. On peut aussi enrouler autour de la bouteille une ficelle dont on tire vivement les deux bouts de droite et de gauche, en ayant soin qu'elle reste toujours sur la même ligne; lorsque l'échauffement est suffisant, on verse sur la bouteille de l'eau froide et la cassure se produit suivant la ligne qui a été frottée.

Le Chemin de fer glissant.

ous les visiteurs de l'Exposition universelle de 1889 à Paris se souviennent du chemin de fer glissant qui était une des plus brillantes attractions de l'Esplanade des Invalides ; le public se pressait en foule pour prendre place dans les wagons montés sur patins, et qui le transportaient sans secousses dès que ces patins étaient soulevés par la couche d'eau comprimée dans les rails de forme spéciale. Mais s'ils trouvaient un vif plaisir à ce nouveau mode de locomotion, bien peu d'entre eux auraient pu en expliquer le système, et il faut reconnaître que cette démonstration était assez difficile à faire.

La petite expérience que je vous propose d'exécuter ci-dessous pourra servir, non pas à fournir une explication rigoureuse du chemin de fer glissant, mais à donner du moins une idée assez juste de son fonctionnement.

Posez un verre renversé sur une plaque de marbre très légèrement inclinée, par exemple le dessus d'une commode dont vous aurez surélevé deux pieds à l'aide de cales. Vous aurez, avant de le poser sur le marbre, trempé les bords de ce verre dans de l'eau, de façon à rendre ces bords fortement humides. Le verre restera immobile, puisque, comme je viens de le dire, l'inclinaison de la plaque de marbre est presque insensible.

Approchez maintenant du verre une bougie allumée ; vous le voyez aussitôt se mettre en marche, comme s'il était mû par un mécanisme mystérieux. Voici ce qui s'est passé : l'air contenu dans le verre au commencement de l'expérience se dilate sous l'influence de la chaleur, et le soulève légèrement ; mais l'eau qui mouille les bords empêche cet air de s'échapper, et le verre, reposant maintenant non plus sur le marbre mais sur une mince couche d'eau, glisse aussitôt en suivant la pente tout le long de la plaque de marbre.

Pouvoir absorbant des corps pour la chaleur.

OURQUOI mettons-nous volontiers des vêtements blancs en été? C'est parce que la couleur blanche a un faible pouvoir absorbant pour la chaleur (1), c'est-

______

(1) Le pouvoir *absorbant* des corps est la propriété qu'ils possèdent de laisser pénétrer dans leur masse une portion plus ou moins grande de la chaleur qui leur est transmise par rayonnement. Pour les vases dans lesquels nous faisons chauffer les liquides, il y a avantage à ce que leur surface soit noire et dépo-

à-dire laisse pénétrer jusqu'à nous une quantité de chaleur beaucoup moindre si nous sommes habillés en blanc que lorsque nous sommes tout de noir vêtus ; les vêtements blancs paraissent donc plus frais.

Vous allez me dire que la nature a bien mal fait les choses en habillant de blanc l'ours des régions polaires ? Je vous répondrai que cette couleur est au contraire admirablement choisie, puisque, la chaleur traversant plus difficilement la couleur blanche, le pelage de l'ours blanc s'oppose davantage à la déperdition de chaleur de son corps.

Bien des expériences peuvent être faites, démontrant que la chaleur traverse plus facilement la couleur noire que la couleur blanche. Celle que j'indiquerai aujourd'hui me semble concluante.

Prenez un petit verre à liqueur cylindrique ou mieux à pans coupés ; peignez l'intérieur de bandes verticales alternativement blanches et noires ; par exemple, avec de la craie délayée dans de l'eau, pour le blanc, et pour le noir, de l'encre de Chine ou de l'encre ordinaire. Je suppose que votre verre ait 8 pans, dont 4 blancs et 4 noirs. Chauffez à la flamme d'une bougie la tête d'une épingle mince et courte que vous tenez par la pointe, plongez cette tête dans une bougie de manière à l'entourer d'un peu de stéarine fondue ou mieux de paraffine, si vous avez choisi une bougie translucide, et, tenant le verre horizontalement et l'épingle verticale, la tête en

---

lie, car le pouvoir absorbant de la couleur noire est plus grand que celui de la couleur blanche, comme nous le démontre l'expérience ci-dessus. Au contraire, un liquide se conservera chaud plus longtemps dans un vase de métal poli et brillant que dans un vase noir à l'extérieur.

bas, collez cette tête contre l'un des pans. Lorsque la stéarine est refroidie, l'épingle se tiendra horizontalement si vous replacez le verre debout sur la table. Collez de la même façon 7 autres épingles de même grandeur sur les 7 autres faces planes du petit verre. Placez à l'intérieur de ce verre, et bien au milieu, un bout de bougie que vous allumerez ; la mèche doit arriver à peu près au niveau du bord. Le verre s'échauffe, et, par suite de la fusion de la stéarine, vous voyez tomber 4 des épingles sur 8. Soufflez la bougie à ce moment, et vous constaterez que les 4 épingles qui se sont détachées étaient celles qui étaient fixées aux parties noires ; les quatre épingles fixées aux parties blanches sont au contraire restées à leur place. Comme la bougie avait envoyé une quantité de chaleur égale à ces diverses parties, il est donc bien démontré que la chaleur a traversé plus vite les parties noires du verre que les blanches.

Le Marteau d'eau.
Faire bouillir de l'eau en soufflant dessus.

Prenez un petit flacon bouché à l'émeri, remplissez-le d'eau aux trois quarts, et mettez le flacon débouché dans une casserole contenant de l'eau salée et posée sur le feu. L'eau salée bouillant à 109°, vous aurez une température suffisante pour que l'eau du flacon entre en ébullition. Lorsque la vapeur qui s'en échappe a chassé presque tout l'air qu'il contenait, rebouchez-le vivement, retirez-le de la casserole, et évitez toute rentrée d'air en garnissant le goulot avec de la cire à cacheter. La vapeur qui se trouvait au-dessus du niveau du liquide se condense par le refroidissement, ce qui produit un vide suffisant pour exécuter l'expérience connue sous le nom de *marteau d'eau* (1). Retournez doucement votre flacon, le bouchon en bas, puis redressez-le brusquement, ou encore imprimez-lui de petites secousses. Vous constaterez dans les deux cas que l'eau vient choquer le fond en une seule masse, en faisant entendre un bruit analogue à celui que produirait un marteau de fer. Cela tient à ce que l'eau n'est plus divisée en gouttes isolées, comme elle le serait dans l'air, et se comporte exactement comme un corps solide.

Notre appareil va nous servir maintenant pour une seconde expérience : il s'agit de *faire bouillir l'eau qu'il contient en soufflant sur le flacon*. Pour cela, faisons bouillir de nouveau l'eau du flacon au bain-marie, mais sans le déboucher. Retirons-le du bain-marie, et laissons l'ébullition se calmer. Au bout de quelque temps, si nous mettons vers le haut du flacon un petit morceau de glace, nous voyons l'ébullition reprendre de plus belle, bien que l'eau soit simplement tiède ; nous pourrions obtenir le même résultat en faisant couler sur le flacon un peu d'eau froide, ou tout simplement en soufflant dessus à la hauteur du niveau du liquide, au moyen

---

(1) Dans les cabinets de physique, le marteau d'eau est un tube de verre fermé et terminé en boule à l'une de ses extrémités. Le tube a été rempli d'eau aux deux tiers et l'on a chassé l'air par l'ébullition de l'eau, puis scellé à la lampe le bout du tube resté ouvert. On retourne lentement le tube, de manière à accumuler toute l'eau du côté de la boule, puis on le redresse brusquement, la boule en l'air ; le liquide tombe alors d'un seul bloc en produisant un choc qui a fait donner à l'appareil son nom de *marteau d'eau*.

d'un chalumeau de paille (1). Le froid condense les vapeurs formées par l'ébullition, ce qui produit un nouveau vide, et l'on sait que la température d'ébullition d'un liquide varie avec la pression. Plus notre vide sera parfait, plus notre eau se mettra à bouillir à basse température (2).

(1) Cette expérience rappelle celle imaginée par Franklin, et appelée pour cela : *bouillant de Franklin*. On met de l'eau dans un ballon de verre à long col, on la fait bouillir pour que la vapeur chasse l'air du ballon, on bouche avec un bon bouchon et, pour empêcher toute rentrée d'air, on retourne le ballon en plongeant l'extrémité du col dans un vase plein d'eau. L'ébullition a cessé dès que le ballon a été retiré du feu, mais si l'on verse de l'eau froide sur le ballon ou qu'on y pose une serviette mouillée, de manière à condenser partiellement la vapeur d'eau qui s'y trouve et par suite à diminuer la pression intérieure, on voit l'ébullition reprendre aussitôt dans le liquide. Si, au contraire, nous chauffons de l'eau dans un espace clos, en laissant s'y accumuler la vapeur, l'ébullition ne peut se produire qu'à une température supérieure à 100°. C'est ce qui arrive dans l'appareil appelé *marmite de Papin*, qui a été le point de départ de la chaudière à vapeur.

(2) C'est pour cela qu'il est difficile de faire cuire les aliments au sommet des hautes montagnes, où, par suite de la faible pression de l'air, l'eau bout à des températures inférieures à 100°. Au sommet du Saint-Gothard l'eau bout à 92°; au haut du mont Blanc, elle ne bout plus qu'à 85°.

Dans l'industrie, pour faire bouillir à basse température les sirops dont on extrait le sucre, et les empêcher ainsi de s'altérer par la chaleur, on fait continuellement le vide dans les chaudières au moyen de puissantes pompes à vide de forme spéciale; l'ébullition se produit alors à une température beaucoup plus basse que sous la pression atmosphérique.

Construction d'un Hygroscope.

Voici une substance que nous avons tous sous la main, et qui peut nous servir pour la fabrication d'un hygroscope; c'est une simple barbe d'avoine, qui se trouve, avant le battage, à l'extrémité de chacun des grains de cette céréale. Découpez dans du carton un personnage que vous aurez dessiné et colorié à votre goût, et fixez-le avec deux épingles, comme vous l'indique notre dessin, en face d'un morceau de carton.

Il faudra laisser un espace entre le carton et la figure. Le bras du personnage, qui doit être mobile, aura été préalablement fixé au dos de la figure et derrière l'épaule de la manière suivante : à l'aide d'une goutte de cire à cacheter, vous aurez fixé, perpendiculairement à la figure, une des petites barbes d'avoine dont je parlais tout à l'heure, et l'autre extrémité de cette barbe sera collée de la même manière à l'extrémité du bras. Il s'agit maintenant de graduer l'appareil; pour cela, humectez avec votre haleine la barbe d'avoine qui se détordra, et laissera le bras, qui tient une baguette, descendre jusqu'à l'épingle inférieure, chargée de limiter sa course. Marquez alors le chiffre 10 qui veut dire : *très humide*. Portez l'appareil devant le feu, et le bras se relèvera aussitôt pour s'arrêter à l'épingle du haut; marquez alors 0 en face de cette nouvelle position de la baguette, et divisez en dix parties égales l'espace compris entre les deux divisions extrêmes. Vous aurez ainsi un instrument qui, malgré sa construction rudimentaire, sera d'une extrême sensibilité, et vous indiquera fidèlement les moindres variations dans l'état d'humidité de l'air. Dans le coin de notre dessin, nous avons représenté en A la barbe d'avoine saturée d'humidité; B est la même barbe lorsque la sécheresse lui a rendu sa torsion primitive.

Vibrations d'un verre de cristal.

RENEZ un verre de cristal mince et bien sonore, presque plein d'eau, et posez sur les bords, après les avoir bien essuyés, une croix à branches égales découpée dans du papier. Repliez à angle droit les extrémités des branches de cette croix, afin de l'empêcher de glisser latéralement.

Si maintenant vous faites vibrer le verre en frottant, avec le doigt mouillé, un endroit quelconque de sa surface extérieure, comme si vous vouliez le faire chanter, le verre fera entendre un son, mais voici, de plus, le phénomène qui se produira : si votre doigt a frotté le **verre au-dessous** d'une des branches **de** la croix **de** carton, cette croix restera immobile ; si vous avez, au contraire, frotté une partie du verre située entre les branches de la croix, *cette dernière se mettra à tourner lentement*, comme si elle obéissait à une influence magique, et ne s'arrêtera que lorsque l'extrémité d'une de ses branches sera arrivée au-dessus de la partie frottée par le doigt. Vous voyez dès lors qu'en déplaçant le doigt tout autour du verre, vous pourrez ainsi faire tourner la croix à votre volonté.

Cette expérience très simple permet de démontrer l'existence des points que l'on appelle, en acoustique, les *nœuds* et les *ventres* de vibration des corps sonores ; les nœuds, où les branches de la croix s'arrêtent, sont les points où les bords du verre sont immobiles ; les ventres, situés entre les nœuds, sont au contraire, comme leur nom l'indique, les points où la vibration des bords est la plus sensible, et sur lesquels les branches de la croix ne pourraient rester en repos.

Le Verre brisé avec la voix.

AITES sonner, à l'aide du doigt, un verre mince en cristal que vous tiendrez par son pied; il donnera une certaine note, en général assez grave. Approchez vivement ce verre de votre bouche, et *criez* dedans, le plus fort possible, la même note; presque toujours le verre, dont les vibrations sont ainsi amplifiées, se brisera en éclats. C'était l'expérience favorite de Lablache, la célèbre basse chantante, qui, dans les cercles d'amis où il se trouvait, brisait ainsi, l'un après l'autre, tous les verres qui lui étaient présentés. C'est une scène de ce genre que représente notre gravure.

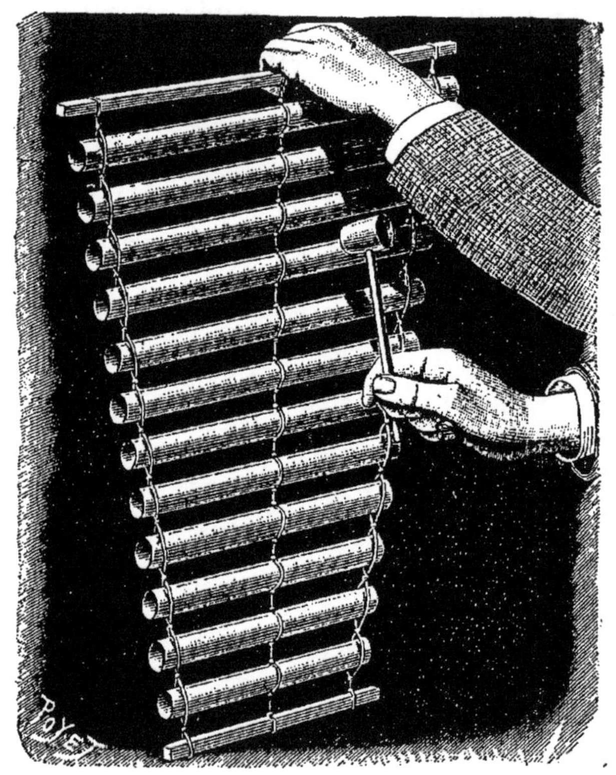

Un nouvel instrument de musique.

(LE TUBOPHONE)

PRENEZ huit tubes en carton d'égal diamètre, de ces tubes dans lesquels s'expédient certains journaux de luxe, et qu'il est du reste facile de se procurer. Ils vont vous permettre de fabriquer rapidement un instrument de musique original.

Laissez au premier tube toute sa longueur : ce sera l'*ut* fondamental. Coupez le huitième en deux ; l'un des morceaux devra avoir exactement la moitié de la longueur du premier ; ce sera son *octave aigu*. Donnez aux six tubes intermédiaires des longueurs décroissantes, dans les proportions suivantes :

$$1 \quad \frac{8}{9} \quad \frac{4}{5} \quad \frac{3}{4} \quad \frac{2}{3} \quad \frac{3}{5} \quad \frac{8}{15} \quad \frac{1}{2}$$

$$ut \quad ré \quad mi \quad fa \quad sol \quad la \quad si \quad ut$$

Voici ce calcul effectué pour un *tubophone* à 12 tubes, en prenant pour base les tubes de carton dans lesquels s'expédie l'*Illustration*, et qui ont 43 centimètres de longueur :

Ut, 43 centimètres ; *ré*, 38 centimètres 25 ; *mi*, 34 centimètres 4 ; *fa*, 32 centimètres 25 ; *fa* dièse, 30 centimètres ; *sol*, 28 centimètres 5 ; *la*, 25 centimètres 8 ; *si* bémol, 24 centimètres 4 ; *si*, 23 centimètres ; *ut₂*, 21 centimètres 5 ; *ré₂*, 19 centimètres ; *mi* , 17 centimètres 2.

Vous pouvez calculer facilement les longueurs correspondantes à ces diverses fractions, mais un musicien le fera en se guidant sur son oreille et en coupant chaque tube jusqu'à ce qu'il donne la note juste. Étalez vos tubes ainsi coupés sur la table par ordre de grandeur, en les écartant de 2 centimètres l'un de l'autre, et reliez-les à l'aide de deux fils de soie que vous nouerez successivement autour de chaque tube en son milieu. les tubes étant ainsi maintenus entre deux nœuds, comme l'indique notre dessin. Pour maintenir les tubes parallèles, lorsque vous les prendrez à la main, reliez de chaque côté leurs extrémités par deux rangées de fils de soie noués comme pour la rangée du milieu ou plus simplement avec un seul nœud entre deux tubes. C'est la disposition représentée sur notre figure. Écrivez le nom de la note sur chaque tube en très grosses lettres, attachez en haut et en bas deux tiges de bois, deux règles d'écolier par exemple, qui serviront de poignées pour saisir l'instrument par l'un ou l'autre côté, et frappez sur les tubes avec un petit marteau composé d'un bouchon dans lequel vous aurez enfoncé une règle taillée en pointe ou la pointe d'un crayon.

Vous pouvez intercaler quatre autres tubes : le *fa* dièse (fraction trop compliquée pour être calculée ici, mais on donne au tube une longueur intermédiaire entre le *fa* et le *sol*), le *si* bémol (même observation que pour le *fa* dièse : longueur intermédiaire entre le *la* et le *si*) et enfin le *ré* et le *mi* aigus, qui sont les 8/9 et les 4/5 de l'*ut* aigu.

Si vous attachez les deux règles aux dossiers de deux chaises, de façon à placer l'appareil horizontalement, vos deux mains resteront libres et vous pourrez jouer sur deux tubes à la fois, avec deux marteaux au lieu d'un, ce qui ajoutera au charme de l'instrument. Vous pourrez le baptiser : *le tubophone*.

Le Verre électrisé.

ÉCOUPEZ, dans un morceau de papier plié en quatre, une flèche ayant la forme indiquée sur notre dessin et posez, sur la pointe d'une aiguille verticale, le centre de cette flèche qui se trouve au point de rencontre des deux plis, mais sans que l'aiguille perce le papier. La tête de l'aiguille aura été enfoncée dans un bouchon, et vous recouvrirez le tout d'un verre sans pied, bien séché devant le feu.

Annoncez maintenant que, sans enlever le verre et, par conséquent sans toucher la flèche de papier, vous

allez la faire tourner sur son pivot, et que sa pointe
s'arrêtera devant la personne qui vous aura été désignée.

Il suffit, pour cela, de frotter avec un chiffon de laine
le côté du verre qui fait face à cette personne (1); la
flèche tournera jusqu'à ce que sa pointe vienne s'arrêter
en face de la partie frottée. Voilà une manière originale
de rappeler que le verre s'électrise par le frottement, ce
qui lui permet alors d'attirer les corps légers, tels que
la pointe de la flèche en papier.

Si maintenant, en tournant toujours le chiffon dans le
même sens, vous en frottez circulairement le dessus du
verre, vous verrez la flèche se mettre à tourner avec une
vitesse de plus en plus grande, comme le ferait l'aiguille
d'une boussole autour de laquelle on promènerait un
morceau de fer.

Remplacez maintenant la flèche par une croix en papier à quatre branches égales, et suspendez par des brins
de fil au bout de ces branches quatre petits chevaux,
découpés dans du papier. Frottez le dessus du verre
comme il vient d'être dit, et votre manège de chevaux
de bois, — ou plutôt de papier — se mettra en marche,
à la grande joie des jeunes spectateurs.

---

(1) Outre le verre, les corps qui s'électrisent le plus facilement par le frottement sont les corps mauvais conducteurs tels que la cire à cacheter, la résine,
le soufre, la soie, etc. Les corps mauvais conducteurs s'appellent, en électricité,
corps isolants. On isole un corps bon conducteur en le plaçant sur des pieds de
verre, en le suspendant à des cordons de soie ou en le posant sur des gâteaux
de résine.

L'électricité développée dans le verre est différente de celle qui se développe
dans la résine par le frottement. Celle du verre est appelée électricité positive
et se représente par le signe + (plus); celle de la résine est l'électricité négative, représentée par le signe — (moins).

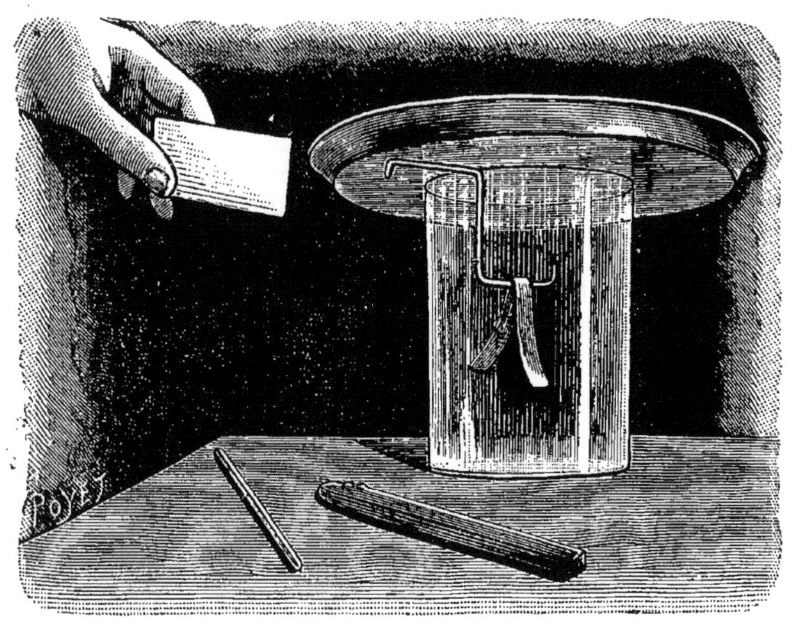

L'Électroscope.

REPLIEZ un fil de fer en forme de z à deux angles droits comme l'indique notre dessin ; posez la branche horizontale supérieure sur le bord d'un verre, et placez par-dessus un petit plateau ou une plaque de métal. La branche verticale ne devra pas toucher le verre, et la branche horizontale inférieure supportera une petite bande de papier d'étain pliée en deux et placée à cheval sur elle.

Si vous frottez maintenant une baguette de verre ou un bâton de cire à cacheter avec un chiffon de laine, et que vous approchiez l'un ou l'autre du bord du plateau, vous voyez aussitôt les deux feuilles de papier d'étain s'écarter violemment l'une de l'autre, comme cela aurait eu lieu avec l'appareil bien connu des cabinets de physique : l'électromètre ou *électroscope à feuilles d'or*.

L'excellent électroscope que vous venez d'improviser va non seulement vous permettre de constater si un corps est ou non électrisé, mais il vous indiquera encore de quelle espèce d'électricité, positive ou négative, ce corps est chargé.

Approchons, par exemple, du plateau un morceau de papier bien sec que nous aurons électrisé en le frottant vigoureusement avec une brosse (1), et, tandis que les feuilles de notre électroscope s'écartent sous l'influence de ce papier, touchons le plateau avec le doigt. Les feuilles retombent, mais si nous retirons notre doigt, puis le morceau de papier, elles divergent de nouveau. L'appareil est alors chargé d'électricité contraire à celle du papier. Pour constater quelle est cette électricité, approchons lentement du plateau la baguette de verre frottée avec de la laine ; nous voyons la divergence des feuilles augmenter ; cela indique que l'électricité de notre électroscope est de même espèce que celle du verre, c'est-à-dire positive. Notre feuille de papier était donc chargée de l'électricité contraire, c'est-à-dire négative.

Inversement, si la divergence avait diminué, nous en aurions conclu que le corps à étudier était chargé d'électricité positive.

____

(1) Voir l'expérience du papier électrisé, vol. I, p. 163.

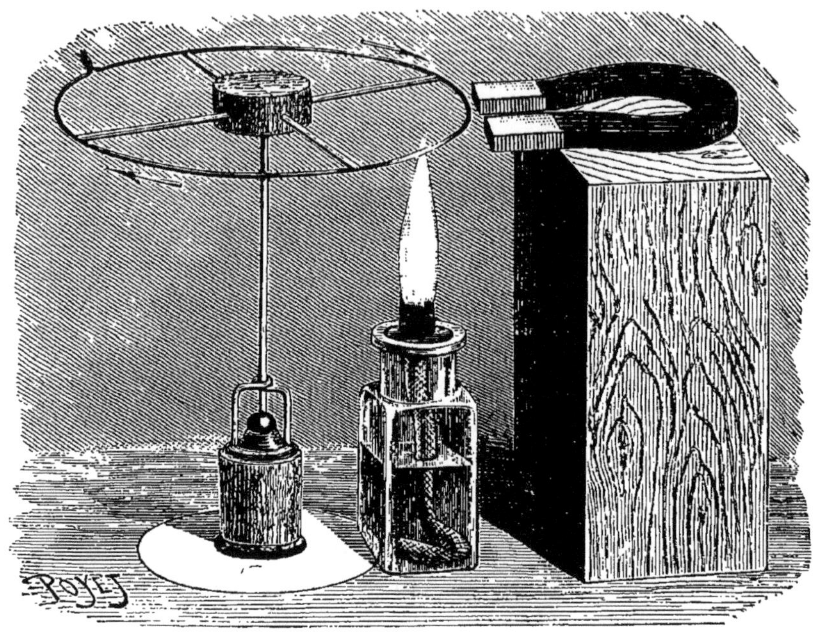

**Rotation d'une roue horizontale
devant un aimant.**

ONSTRUISEZ une roue légère dont le moyeu soit
une rondelle de bouchon, autour de laquelle vous
planterez quatre tiges de cuivre qui seront les rayons
de la roue; en travers des extrémités de ces tiges et
suivant le diamètre de leur section vous aurez fait à la
lime quatre entailles, destinées à recevoir un cercle en
fil de fer très mince qui représentera la jante. Une
aiguille à tricoter plantée dans le bouchon perpendiculairement à la roue ainsi construite sera l'arbre vertical
servant de support à cette roue.

Il s'agit de supporter cet arbre à sa partie inférieure, tout en maintenant sa parfaite verticalité.

Collez la base d'un bouchon sur une rondelle de carton ; ce sera le socle de l'appareil, sur l'autre base fixez avec de la cire à cacheter un petit bouton en porcelaine, un peu concave, et sur ce bouton une grosse perle de verre ; vous aurez ainsi une crapaudine, dans laquelle le bas de votre aiguille à tricoter, formant pivot, pourra tourner aisément, ce pivot s'appuyant sur le bouton de porcelaine et tournant dans la perle.

Tordez une épingle à cheveux de façon qu'elle forme un petit anneau en son milieu, et plantez ses deux branches dans le bouchon, de part et d'autre du bouton ; l'aiguille à tricoter passera par cet anneau avant d'entrer dans la perle, et ces deux soutiens assureront sa position verticale. Vous avez ainsi une roue horizontale très légère, prête à tourner avec des frottements presque nuls.

Placez, à une petite distance de la roue, un aimant ordinaire en fer à cheval, posé horizontalement sur un support quelconque et dans le plan de la roue ; la roue est en équilibre devant cet aimant, puisque les deux branches exercent leur action sur deux portions égales de sa circonférence.

Mais, si vous venez à chauffer, avec une lampe à esprit-de-vin (1), une portion de la roue située devant

---

(1) On peut improviser une lampe à esprit-de-vin au moyen d'un petit flacon plein d'alcool dans lequel trempe une mèche faite avec des brins de coton. Sur le goulot du flacon sera posée une petite rondelle de zinc ou de fer-blanc percée d'un trou par lequel passe à frottement dur l'extrémité de la mèche.

C'est une lampe ainsi fabriquée que représente notre dessin.

l'une des branches de l'aimant, cette portion rougit et aussitôt *vous voyez la roue se mettre à tourner lentement d'une façon continue,* la portion chauffée tendant toujours à s'écarter de l'aimant.

Voici l'explication du phénomène qui se produit : on sait que le fer est attiré par l'aimant à la température ordinaire, mais, dès qu'on le chauffe à 600°, à partir du rouge sombre, l'aimant ne l'attire plus. La partie froide de la roue est donc plus attirée par l'aimant que la partie chaude, et la roue se met à tourner dans le sens indiqué par les flèches sur le dessin.

Réflexion de la lumière
à la surface des corps transparents.

PLACEZ, de part et d'autre d'une plaque de verre, d'un carreau de fenêtre, par exemple, et symétriquement, deux bougeoirs contenant chacun une bougie de même hauteur.

La bougie, qui sera éclairée par le jour venant de la fenêtre, se réfléchira dans le carreau qui jouera le rôle d'un miroir, et l'image de cette bougie, vue par réflexion dans le carreau, se superposera à celle de la seconde bougie, vue par transparence à travers le verre.

Dites maintenant à vos amis, placés du côté de la

première bougie, *que vous allez allumer la seconde à
travers le carreau.* Pour cela, rien n'est plus simple;
allumez tout simplement avec une allumette la bougie
qui est en avant, c'est-à-dire de votre côté, et la seconde
bougie vous semblera s'allumer immédiatement. Le
corps de cette seconde bougie sera vu par transparence,
et sa flamme imaginaire sera vue par réflexion. Vous
pouvez varier de bien des manières ce genre d'expériences, dont le principe a servi au théâtre pour les
exhibitions des spectres et des fantômes.

La Boîte magique.

COMMENCEZ par faire une longue boîte carrée, en carton fort, ayant 10 centimètres de côté et 60 centimètres de longueur; fermez-la à ses deux bouts, près desquels vous découperez, sur deux faces opposées, deux ouvertures carrées de 8 centimètres de côté. Vous adapterez à ces ouvertures deux couvercles en carton A, de 9 centimètres de côté, tournant autour de deux charnières en étoffe. Coupez maintenant la boîte en deux parties égales, par une section oblique à 45° (n° 1 de la figure). Percez un trou circulaire sur l'une des grandes faces latérales; le centre du trou sera à

5 centimètres de son extrémité ouverte et au milieu de la hauteur de la boîte. Posez sur la table les deux morceaux égaux obtenus ainsi, mais en retournant l'un des deux, de manière que les deux ouvertures munies de couvercles se trouvent à la partie supérieure; appliquez l'une contre l'autre les deux sections obliques et réunissez les deux morceaux à l'aide de bandes de papier solidement collées, en ménageant toutefois, dans la face supérieure, une fente ayant 7 centimètres de largeur, par laquelle vous introduirez un morceau de verre ordinaire, posé verticalement sur le fond de la boîte, et ayant 12 centimètres de hauteur, et comme largeur celle de la fente, c'est-à-dire 7 centimètres.

Ainsi disposé, notre appareil aura l'air d'une énorme équerre de menuisier, comme l'indique le n° 2 du dessin. Introduisez maintenant dans l'appareil deux petits jouets différents, placés chacun au-dessous d'une des ouvertures, par exemple un âne et une chaise; la figure 3, dans laquelle on a supposé enlevées les grandes faces latérales, indique exactement la position de ces deux objets. Si maintenant un spectateur regarde par le trou circulaire, le couvercle correspondant à l'âne étant fermé et celui de la chaise étant ouvert, il ne verra pas l'âne qui est en face de lui, parce que cet objet est dans une obscurité complète; mais, si la chaise est vivement éclairée par le soleil ou par une bougie placée près de l'appareil, son image se reflètera dans le morceau de verre comme dans un miroir, et la chaise sera aperçue très nettement par le spectateur, comme si elle se trouvait en face de lui, à la place de l'âne. Si maintenant vous ouvrez brusquement le couvercle correspondant à l'âne pour fermer celui de la chaise, c'est l'âne qui apparaît à travers la vitre, et la chaise aura disparu. Enfin, si vous désirez que le public reste dans l'illusion la plus complète, dissimulez l'appareil derrière une grande feuille de carton percée d'un trou correspondant au trou de l'appareil, et personne ne pourra savoir comment vous opérez pour exécuter vos curieuses transformations. Vous pourrez aussi mettre dans la boîte deux petits flacons semblables, l'un vide, l'autre plein d'encre rouge. Montrez d'abord le flacon plein en ouvrant le couvercle qui lui correspond, et annoncez que vous allez le vider instantanément et sans le toucher. Il vous suffit pour cela de fermer le couvercle au-dessus du flacon plein et d'ouvrir celui du flacon vide; c'est ce dernier qui apparaîtra aux yeux du spectateur.

Lentilles biconvexes et biconcaves.

PRENEZ un verre à pied en cristal dont le fond soit taillé à côtes ; tenez le pied de ce verre et inclinez le bord vers vous, après avoir versé dans le verre un peu d'eau, de façon que l'eau vienne se rassembler en une grosse goutte à l'intérieur de la partie non taillée. Regardez la nappe à travers cette goutte d'eau ; vous serez surpris de voir comme il est devenu facile d'en compter les fils, car chacun d'eux paraît beaucoup plus gros qu'il ne l'est en réalité. C'est qu'en effet, comme le montre notre dessin en A, la goutte d'eau a pris exactement la forme d'une *lentille biconvexe*. Si cette eau ne prenait pas, à sa surface supérieure, la forme d'un ménisque renflé, mais que son niveau restât horizontal, vous auriez une *lentille plan-convexe*.

Ces deux sortes de lentilles sont convergentes ; l'une et l'autre ont la propriété de grossir les objets. Les lentilles biconvexes, employées comme verres grossissants, prennent le nom de *loupes* ou de *microscopes simples*, et notre modeste goutte d'eau vous permettra d'examiner en détail les diverses parties d'une plante ou d'un insecte que vous verriez difficilement à l'œil nu.

Regardez maintenant vers la partie inférieure du verre, à travers l'une des côtes qui y sont taillées. A cet endroit, le verre est concave à l'intérieur et concave à l'extérieur ; nous avons donc là une *lentille biconcave*, comme vous le voyez en B, ou *plan-concave* si la taille était droite au lieu d'être ronde. A présent, loin d'être agrandis, les fils de la nappe, l'insecte ou la fleur vous apparaissent beaucoup plus petits qu'ils ne le sont en réalité ; cela vous montre que les lentilles bi ou plan-concaves sont divergentes et ont la propriété de réduire les dimensions apparentes des objets.

Aussi les verres de lunettes pour les personnes presbytes sont-ils des verres biconvexes et à bords minces, tandis que les verres pour les myopes sont biconcaves et à bords épais.

Couper une Ficelle dans une bouteille.

Présentez à vos amis une bouteille vide, bouchée par un bouchon. Vous aurez piqué sous ce bouchon une épingle recourbée, à laquelle est attaché un bout de ficelle. Un bouton de bottine ou autre corps pesant suspendu au fil lui donnera de la rigidité.

Vous proposez à l'assistance de couper le fil sans toucher ni à la bouteille ni au bouchon, et, pour éloigner toute idée de supercherie, vous faites enduire le bouchon et le goulot de la bouteille avec de la cire.

Vous sortez alors de la chambre avec la bouteille et

revenez un instant après la présenter au public; la ficelle est parfaitement coupée, et son extrémité inférieure est tombée au fond avec le bouton qu'elle supportait.

Comme notre dessin vous indique le moyen employé, je n'ai pas à insister là-dessus; l'expérience ne se fait ni la nuit ni par un temps couvert, puisque c'est le soleil qui est votre compère. Vous concentrez les rayons de Phœbus sur un point de la ficelle, au moyen d'une loupe ou lentille convergente, et, pour réussir plus rapidement, vous vous rappellerez que la ficelle doit avoir été noircie, de façon à mieux absorber les rayons calorifiques et à brûler plus rapidement.

Une bouteille en verre blanc sera préférable à une bouteille de vin ordinaire; celles-ci ne sont pas en général assez transparentes.

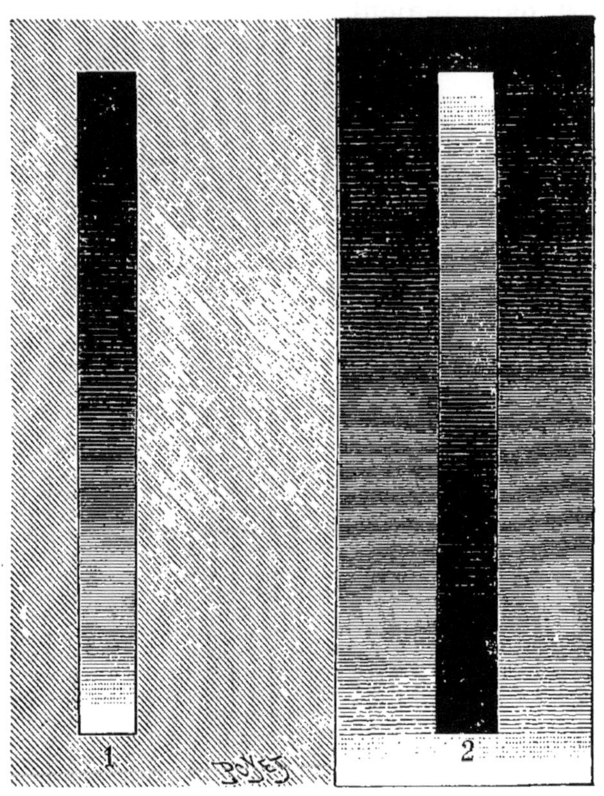

Illusion d'optique (1).

Regardez la bande de papier représentée à la figure 1 de notre dessin, en ayant soin de vous placer au moins à 3 mètres de distance. Cette bande présente une teinte dégradée allant du noir au blanc, et à

(1) Au sujet des illusions d'optique, voir vol. I, pages 155 et 157.

la forme d'un rectangle très allongé. Bien que les deux côtés les plus longs soient rigoureusement parallèles, l'illusion d'optique qu'il s'agit de constater aujourd'hui nous la fera paraître plus large dans la partie blanche et plus étroite à l'extrémité noire, et, au lieu de se présenter à nous sous l'aspect d'un rectangle, elle nous semblera avoir la forme d'un trapèze. Voulez-vous rectifier cette erreur de vision? Placez cette petite bande sur une bande plus large (*fig.* 2) qui sera teintée comme elle, mais inversement, de telle sorte que la partie blanche de la petite bande soit placée sur la partie sombre de la bande large. L'illusion d'optique est détruite immédiatement et la petite bande reprend à vos yeux sa véritable forme de rectangle.

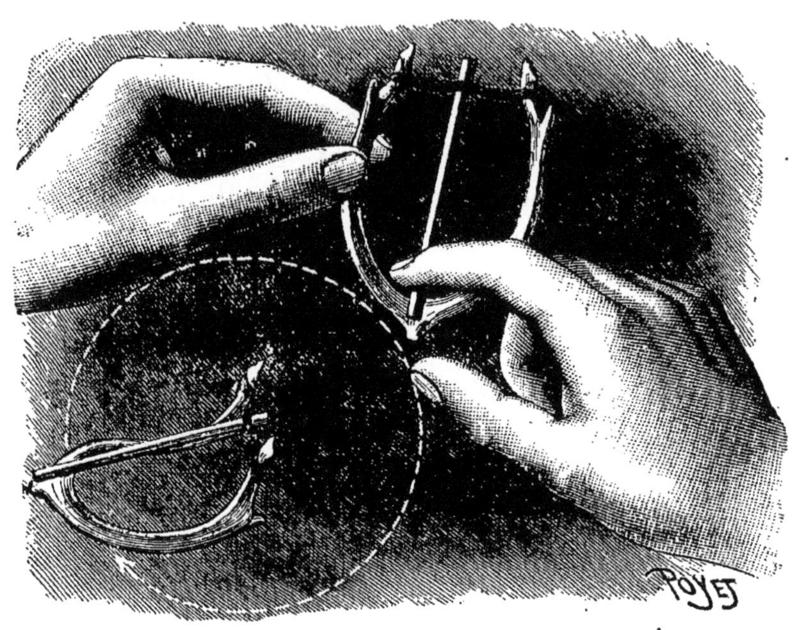

La Fourchette de canard.

(ILLUSION D'OPTIQUE)

Vous vous demandez comment un canard peut servir à une expérience d'optique? Je ne vais pas vous intriguer bien longtemps.

Lorsque vous mangez une volaille, conservez l'os en forme de fourche que l'on nomme pour cela *la fourchette;* la fourchette du canard est celle qui convient le mieux pour la construction du petit appareil que nous allons fabriquer aujourd'hui. Entourez plusieurs fois d'un fil fort les deux pointes de cette fourchette, et attachez solidement les deux bouts de ce fil. Entre les brins de fil qui passent par devant et ceux qui passent par derrière les pointes, introduisez une allumette et faites-la tourner plusieurs fois de manière à tordre les deux rangées de fil, absolument comme on le fait lorsqu'on veut bander une scie ; l'élasticité des deux branches de la fourche permet à leurs extrémités de se rapprocher légèrement par suite de cette torsion. Tirez un peu l'allumette en arrière de façon que son extrémité seule reste prise dans le fil et que l'autre bout s'appuie sur le centre de la fourchette, et maintenez-la avec le doigt contre le dessus de cette fourchette, comme l'indique la figure de droite de notre dessin. Si vous enlevez votre doigt, le fil se détord brusquement et l'allumette décrit aussitôt un cercle complet dans le sens indiqué par la flèche sur la figure de gauche. Cela n'a rien de bien extraordinaire ; mais voici où l'optique entre en jeu. Pour vous qui exécutez l'expérience et pour chacun des spectateurs, le mouvement de rotation de l'allumette a été si rapide que personne ne l'a aperçu ; il semble que l'extrémité libre de l'allumette *ait traversé* le centre de la fourchette pour passer de l'autre côté, comme si l'os avait été coupé en son milieu ! Répétez l'expérience autant de fois que vous le voudrez, l'illusion, même pour les plus incrédules, sera toujours la même.

L'Oiseau dans la cage.

ESSINEZ, sur une feuille de papier, une cage vide, et, à quelques millimètres de la cage, un oiseau. Il s'agit de faire entrer cet oiseau dans la cage.

Placez une carte de visite entre les deux figures, en tenant cette carte perpendiculairement sur le papier; appuyez le bout de votre nez sur le bord de la carte et regardez la cage et l'oiseau; vous voyez ainsi la cage de l'œil gauche par exemple, et l'oiseau de l'œil droit; au bout d'un instant il vous semble que l'oiseau se met en mouvement et que vous le voyez entrer dans la cage et occuper la position indiquée en traits pointillés sur notre dessin.

La figure de droite de ce dessin vous évitera la peine de faire aucun tracé, posez votre carte de visite sur la ligne AB, en vous mettant en face de la lumière pour que la carte ne projette pas d'ombre; regardez pendant quelques secondes et le phénomène se produira.

Rien de plus simple que cette expérience qui nous rappelle les lois de la vision binoculaire, c'est-à-dire de la vue simple avec deux yeux.

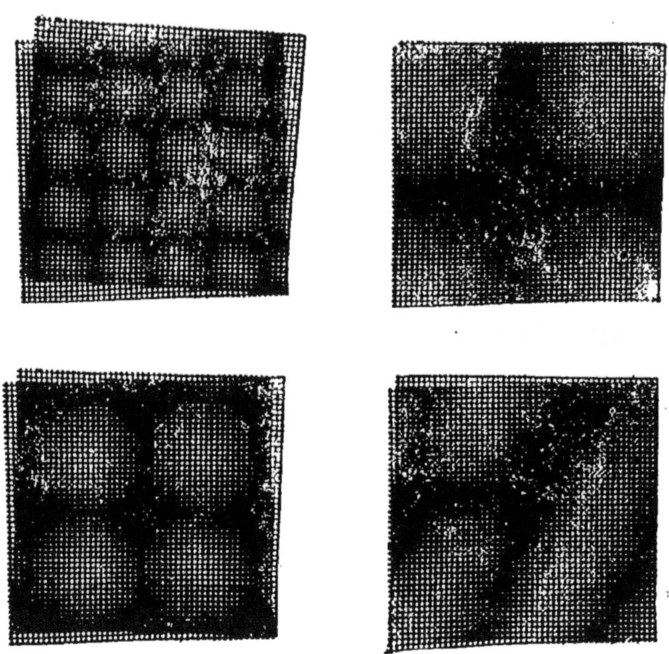

Le Papier-Canevas et les Figures changeantes.

Pour nous reposer des expériences où il est nécessaire de construire des appareils spéciaux, je signalerai les figures changeantes que l'on obtient, sans aucun préparatif, à l'aide de deux carrés de ce carton perforé de petits trous, appelé papier-canevas, qui sert à l'exécution d'un grand nombre d'ouvrages de dames.

En superposant exactement les deux morceaux et en regardant à travers eux devant la fenêtre, vous voyez distinctement, cela va sans dire, tous les trous de ces cartons comme des points lumineux d'égale grandeur. Mais, si vous faites tourner légèrement l'un des deux cartons contre l'autre, vous voyez, à mesure qu'il se déplace, une quantité de figures différentes se produire, figures lumineuses bordées de teintes noires agréablement fondues : carrés, cercles, ovales, etc. C'est le croisement plus ou moins oblique des lignes de trous qui est la cause de ces curieux effets. Nous ne pouvons donner ici que la reproduction de quelques-uns d'entre eux ; vous pouvez en créer un grand nombre d'autres (1).

Il n'est pas sans intérêt d'indiquer le procédé employé pour obtenir les clichés ci-contre, qui rendent si fidèlement l'aspect des figures changeantes du bristol perforé. On ne pouvait les reproduire directement par la photographie, car, si la première feuille de carton était au point, la seconde ne pouvait y être. On a alors essayé de photographier une seule des feuilles perforées sur deux plaques différentes, et pour obtenir le positif, on a exposé au soleil ces plaques en les superposant avec des orientations différentes. Cet essai a réussi. Le soleil est venu se jouer dans les entre-croisements des lignes, comme il le fait lorsque nous regardons la lumière à travers les deux feuilles de carton perforé, et le résultat, pour nos yeux, est absolument le même.

____

(1) Cette expérience n'a, bien entendu, aucun rapport avec les phénomènes de polarisation de la lumière.

Ombres mobiles.

N disque de carton vertical de 30 centimètres de diamètre sera notre écran ; il pourra tourner autour d'une tige horizontale en bois, un bout de porteplume, par exemple, qui passe par son centre et est fixé dans un montant vertical en bois qui sert de poignée pour tenir l'appareil.

Collez, par son fond, au centre du disque, une petite boîte cylindrique en carton ayant environ 5 centimètres de diamètre et 8 centimètres de hauteur, et traversez le centre du fond et du couvercle par la tige horizontale.

Sur la moitié de la surface cylindrique de la boîte, tracez une hélice partant du fond pour arriver au haut de cette boîte. Sur la moitié du disque correspondant, tracez une demi-circonférence concentrique au disque et de 10 centimètres de rayon. Percez sur l'hélice, avec un poinçon, vingt-cinq trous à égale distance les uns des autres; divisez de même votre demi-circonférence en vingt-cinq parties égales, et percez des trous aux points de division. Tendez maintenant vingt-cinq ficelles comme l'indique la figure de droite de notre dessin, la première ficelle reliant le trou qui se trouve le plus haut sur l'hélice avec le trou situé à l'extrémité de la demi-circonférence. Une autre ficelle reliera le second trou de l'hélice avec le second trou de la demi-circonférence, et ainsi de suite, chaque ficelle nouvelle faisant, avec le plan du disque, un angle de plus en plus petit.

Il s'agit maintenant, et c'est le point le plus délicat de la construction, de relier entre elles toutes ces ficelles de façon à ce qu'elles représentent une surface hélicoïdale continue. Nous y arriverons à l'aide d'une série de bandes de papier collées les unes par-dessus les autres dans des directions différentes, de manière à obtenir une surface le plus unie possible, et voilà notre appareil terminé. Découpons, dans une carte de visite, un petit bonhomme, par exemple un monsieur qui se tient debout, son chapeau à la main. Fixons le pied du personnage dans la fente d'un bouchon piqué au bout d'un fil de fer dont l'autre extrémité s'enfonce dans le montant au-dessous du disque, tenons ce montant d'une main et de l'autre faisons tourner le disque en face d'une bougie allumée.

Lorsque la partie plane du disque passe derrière le bonhomme, l'ombre qu'il projette sur le disque reste immobile, mais dès que cette ombre se projette sur la surface hélicoïdale, nous voyons le buste s'incliner de plus en plus en avant, l'ombre des jambes restant fixe, puisqu'elle se projette sur le bord du disque qui est resté plane. A chaque tour du disque, nous voyons l'ombre du monsieur saluer ainsi, pour se relever brusquement ensuite, tandis que le personnage reste lui-même impassible.

Il est facile de dessiner, puis de découper, une série de petites figures destinées à remplacer le monsieur qui salue : par exemple, un nageur qui plonge, un tireur qui fait des armes, etc.

Le Dessin linéaire sans instruments.

Si nous avons à exécuter un tracé géométrique et que nous n'ayons à notre disposition ni compas, ni règle plate, ni équerre, nous voilà bien embarrassés, n'est-ce pas?

Voici le moyen de remplacer, à l'aide d'objets usuels, les trois instruments qui nous manquent.

La règle carrée de l'écolier n'est jamais assez droite pour remplacer la règle plate du dessinateur; c'est une feuille de papier fort qui va nous la fournir. En vertu du théorème de géométrie : *lorsque deux plans se coupent, leur intersection est une ligne droite* (1), nous savons que, si nous plions, en l'appuyant sur une table bien plane, notre feuille de papier, le pli de la bande, qui est l'intersection des deux plans du papier, sera une ligne rigoureusement droite.

L'équerre est aussi un instrument indispensable au dessinateur. Nous la ferons aussi en papier fort, plié d'abord en deux, puis en quatre, en faisant coïncider exactement l'une sur l'autre les deux parties du premier pli. Ce second pli sera perpendiculaire au premier, parce qu'il forme avec le premier pli deux angles adjacents égaux, par conséquent deux angles droits; l'angle qui a son sommet au point de rencontre de ces plis sera l'angle droit de notre équerre. Vous pourrez aussi découper votre équerre dans une feuille de carton de bristol, en l'entaillant soigneusement au canif; pour en faire le tracé, il ne faudra plus faire de pliage, mais seulement élever une perpendiculaire sur une ligne droite; pour les autres angles de l'équerre, nous pourrons les faire tous les deux de 45°, en donnant aux deux côtés de l'angle droit des longueurs égales.

Si les côtés de l'angle droit sont inégaux, les deux angles aigus seront quelconques. Il est souvent commode d'avoir un de ces angles égal à 60°, l'autre étant

-----

(1) En effet, l'intersection de deux plans qui se coupent est l'ensemble des points qui leur sont communs. Or, par trois points non en ligne droite on ne peut faire passer qu'un plan; on ne saurait donc trouver trois points non en ligne droite communs à l'un et l'autre plan. Il en résulte que l'intersection de ces plans est une ligne droite.

de 30° par conséquent (1). Nous verrons plus loin comment on détermine cet angle de 60° sans aucun instrument.

Je viens de parler de perpendiculaire à élever sur une ligne droite; ici le compas est indispensable, et voici comment nous pouvons en improviser un. Prenons un canif à deux lames, le plus grand possible; la pointe de l'une des lames sera la pointe sèche du compas; nous la placerons au centre du cercle ou de l'arc de cercle que nous voulons tracer. Enfonçons fortement la pointe de l'autre lame dans un bout de crayon dont la longueur variera suivant la grandeur du canif; ce sera la pointe traçante. Faisons varier l'ouverture des lames suivant le rayon de la circonférence que nous voulons tracer; nous le tiendrons légèrement par l'extrémité du manche, du côté de la pointe traçante comme l'indique notre figure.

---

(1) La somme des angles d'un triangle quelconque étant égale à deux angles droits, il en résulte que la somme des deux angles aigus d'un triangle rectangle est égale à un angle droit, soit à 90°. Si l'un de ces angles est de 60°, l'angle complémentaire sera donc de 30°.

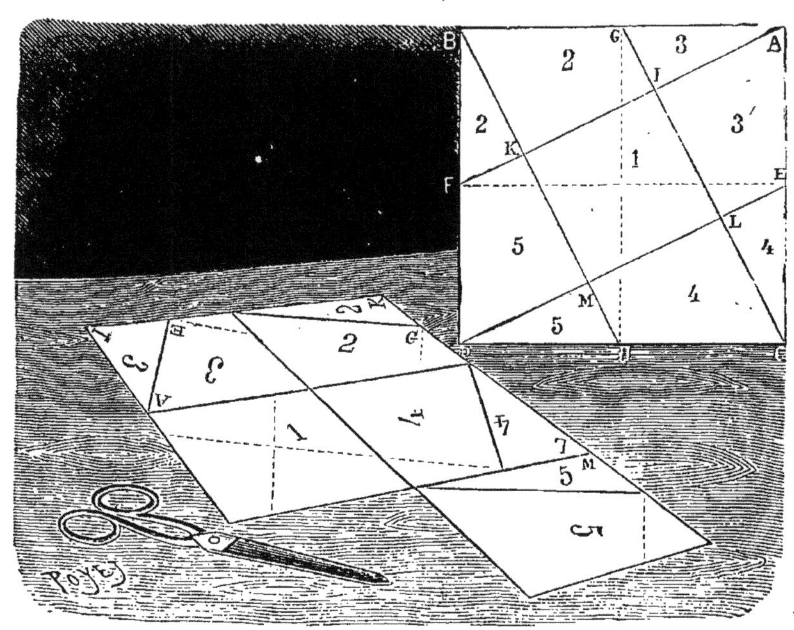

Diviser un carré en cinq carrés égaux.

Si je vous remettais un carré de papier en vous priant de le diviser en quatre carrés égaux, cette proposition ne manquerait pas de vous faire sourire par sa simplicité ; mais si je vous demandais de le diviser non plus en quatre, mais en cinq carrés égaux, plus d'un d'entre mes lecteurs se trouverait fort embarrassé, d'autant plus que vous n'avez à votre disposition ni règle ni crayon. Voici comment il faut faire :

Pliez votre carré de papier A B C D en quatre, ce qui vous donne les deux plis G H et F E marqués sur la figure en lignes ponctuées. Dépliez-le, et faites maintenant les deux plis F A et D E, puis ensuite les plis G C et B H. Ces quatre derniers plis sont indiqués sur notre dessin par des lignes pleines, et c'est suivant ces quatre lignes que vous devez couper votre papier avec des ciseaux. Vous obtenez ainsi un petit carré, marqué 1 sur le dessin, et huit autres morceaux composés de quatre trapèzes égaux et de quatre triangles rectangles égaux entre eux également, et numérotés 2, 3, 4 et 5.

Remarquez que le trapèze 2 forme un carré parfait si nous lui ajoutons le triangle 2, en mettant l'hypoténuse B F contre son côté B G; ces deux lignes sont égales, et ont toutes deux comme grandeur celle du demi-côté du grand carré primitif. Faites de même pour les trapèzes 3, 4 et 5, auxquels vous ajoutez les triangles 3, 4 et 5, et vous voyez que vous avez ainsi obtenu quatre carrés, composés chacun de deux morceaux, qui ont tous la même grandeur que le carré n° 1.

Vous pourrez décomposer ce carré n° 1 en un triangle et un trapèze semblables aux autres, puis mêler les dix morceaux de papier, et les remettre à l'un de vos amis, en le priant de reconstituer le grand carré primitif. Ce sera un casse-tête d'un nouveau genre, et qui le fera chercher peut-être longtemps.

Les Figures superposables.

PLIEZ en trois parties égales deux feuilles de papier rectangulaires exactement semblables, mais en ayant soin que les plis de la première soient parallèles aux petits côtés, et ceux de la seconde aux grands côtés de ces feuilles.

Ceci fait, coupez les deux feuilles suivant les plis D C et A B ; vous en détachez ainsi deux morceaux, N et M, qui sont chacun le tiers des feuilles primitives.

Les morceaux restants sont bien encore égaux comme surface, puisqu'ils proviennent de deux morceaux égaux dont vous avez enlevé le tiers, mais ils ne sont plus superposables, c'est-à-dire que vous ne pouvez plus les appliquer exactement l'un sur l'autre (1).

Or, il s'agit précisément de les rendre superposables, et vous allez voir que la chose est des plus faciles.

Pliez encore en trois parties égales le second morceau, dont vous avez détaché le morceau M, mais cette fois en faisant les plis parallèles aux petits côtés, et découpez-le, à l'aide de ciseaux, suivant la ligne brisée L K, K J, J I. Cela vous donne deux nouveaux morceaux, composés l'un des rectangles 1, 2 et 3, l'autre des rectangles 4, 5 et 6. Vous n'avez qu'à prendre chacun d'eux dans une main, et à les présenter l'un en face de l'autre, comme on le voit sur notre dessin, de telle sorte que les rectangles 4, 1 et 2 soient sur une même ligne horizontale, ainsi que les rectangles 5, 6 et 3. La figure ainsi obtenue résoudra le problème, et pourra être superposée exactement à l'autre (2).

---

(1) Ce petit problème fait bien comprendre la différence qui existe, en géométrie, entre des figures de surface égale et des figures superposables.

Le triangle équilatéral. — L'hexagone régulier.

IVISEZ en trois angles égaux l'un des angles **A** d'une feuille de papier rectangulaire, en la pliant avec soin suivant les lignes A B et A D, que vous déterminerez par tâtonnement. L'angle B A C, égal aux deux tiers de l'angle droit (qui est de 90°) sera donc un angle de 60°. C'est précisément l'un des angles du *triangle équilatéral* que je vous propose aujourd'hui de construire sans le secours d'aucun instrument de dessin.

Remettez votre feuille de papier à plat, et pliez-la en rabattant la ligne A F sur la ligne F C, et en faisant passer le pli B F par le point B. Marquez le point C sur lequel

le point A est venu se placer pendant ce rabattement.
Remettez encore le papier à plat, et pliez-le suivant C B.

La figure C B A est le triangle équilatéral cherché ; il
vous est facile de constater, en effet, que ses trois côtés
sont égaux, de même que ses trois angles (1). En pliant
le papier suivant C E, vous remarquez que les trois bissectrices C E, B F et A D du triangle se coupent en un
même point O. Découpez votre papier suivant A B et
B C, de façon à isoler le triangle ; pliez les trois sommets de façon que les points A B et C viennent s'appliquer sur le point O ; vous aurez ainsi un polygone ayant
six côtés égaux et six angles égaux chacun à 120°. C'est
l'*hexagone régulier*, dont le côté est égal au rayon du
cercle dans lequel il est inscrit.

---

(1) Voici une solution plus élégante, qui nous permet, sans procéder par
tâtonnement, de diviser l'angle droit en trois parties égales, et par suite de
construire le triangle équilatéral.

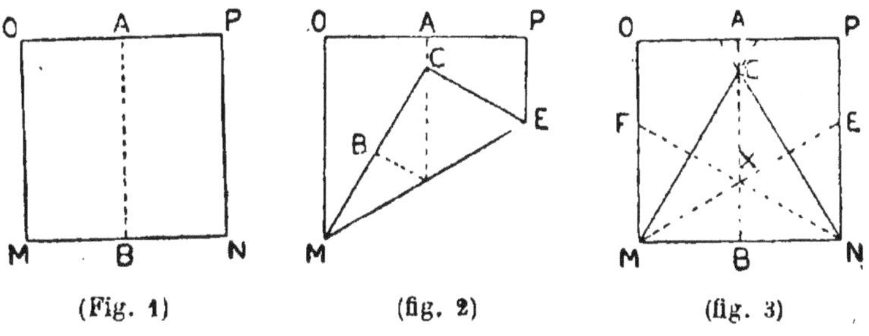

Prenez un carré de papier MOPN, pliez-le en deux parties égales, suivant AB,
et remettez-le à plat (*fig.* 1). Rabattez l'angle N en portant le point N sur la
ligne AB, de telle sorte que le pli ME passe exactement par *le sommet* M. Le
point N vient alors au point C (*fig.* 2). Pliez votre papier suivant MC et NC ;
la figure ainsi obtenue est le triangle équilatéral, car l'angle droit OMN a été
divisé en trois angles égaux OMC, CME et EMN et l'angle CMN, égal à deux
de ces parties, est donc égal aux 2/3 de l'angle droit. C'est l'angle de 60° du
triangle équilatéral. Vous pouvez montrer que les bissectrices ME, NF et CB se
coupent en un même point X.

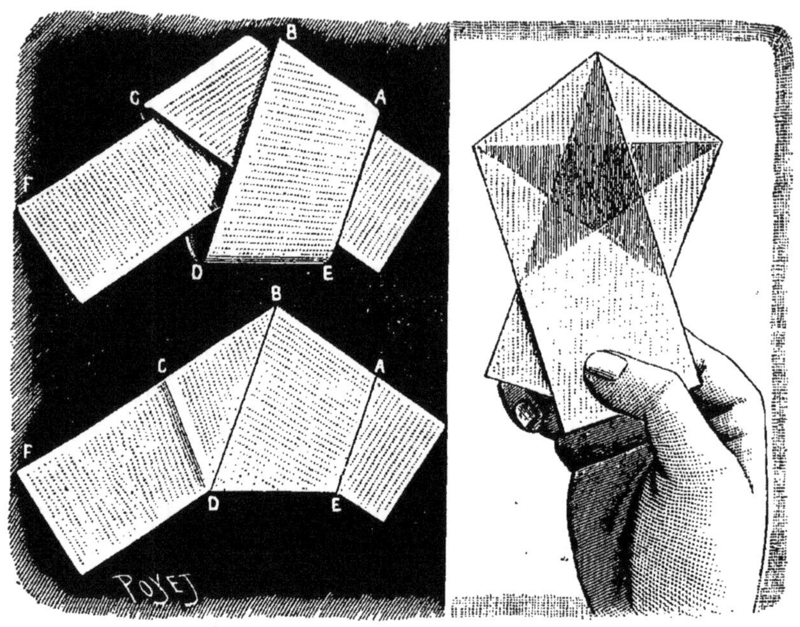

L'Étoile à cinq branches.

’ÉTOILE à cinq branches, qui figure sur la voile
du marin et sur l'uniforme de nos généraux,
s'appelle, en géométrie, le *pentagone régulier étoilé* (1).

(1) POLYGONES. — On nomme *polygone* une figure plane limitée de toute
part par des lignes droites : le triangle est un polygone de trois côtés; le
quadrilatère, le carré, le rectangle, le parallélogramme, le losange, le trapèze,
sont des polygones de quatre côtés; le polygone de cinq côtés est le pentagone
(du grec πεντε, qui signifie cinq), le polygone de six côtés est l'hexagone (du
grec ηξ, six), l'octogone, le décagone, le dodécagone, sont des polygones de
huit, dix, douze côtés. Si l'on divise une circonférence en un certain nombre
d'arcs égaux et qu'on joigne les points de division consécutifs, on forme un
polygone régulier *inscrit* dans la circonférence. Si l'on divise une circonférence
en *n* parties égales, et qu'on joigne les points de division de *p* en *p*, *p* étant
un nombre premier avec *n*, on obtient un polygone régulier *étoilé*. Ainsi, par
exemple, le décagone étoilé s'obtient en joignant de trois en trois les dix points
de division de la circonférence, trois étant premier avec dix.

Sa construction géométrique à l'aide de la règle et du compas est longue et compliquée. Il faut commencer par construire le décagone régulier inscrit dans une circonférence, dont le côté est égal au plus grand segment du rayon divisé en moyenne et extrême raison. En joignant de deux en deux les sommets de ce décagone, on obtient le pentagone régulier inscrit. En joignant de quatre en quatre les sommets de ce même décagone, on obtient le pentagone régulier étoilé; c'est l'étoile à cinq branches.

Tout cela est trop long pour nous, qui voulons faire de la géométrie instantanée. Laissons de côté la règle et le compas et prenons une bande de papier mince à laquelle nous faisons un nœud, comme l'indiquent les deux figures à gauche de notre dessin. En haut, on voit le commencement du nœud. Nous le serrons, en maintenant la bande de papier bien plate; nous la plions suivant les lignes A E et C D, et obtenons ainsi, en un clin d'œil, le pentagone régulier ordinaire A B C D E. Si nous plions la bande de façon que son bord C F prenne la direction C A, et que nous mettions notre pentagone devant la fenêtre ou devant une lumière, nous voyons apparaître par transparence, grâce aux différentes épaisseurs du papier, la charmante étoile à cinq branches que nous voulions obtenir.

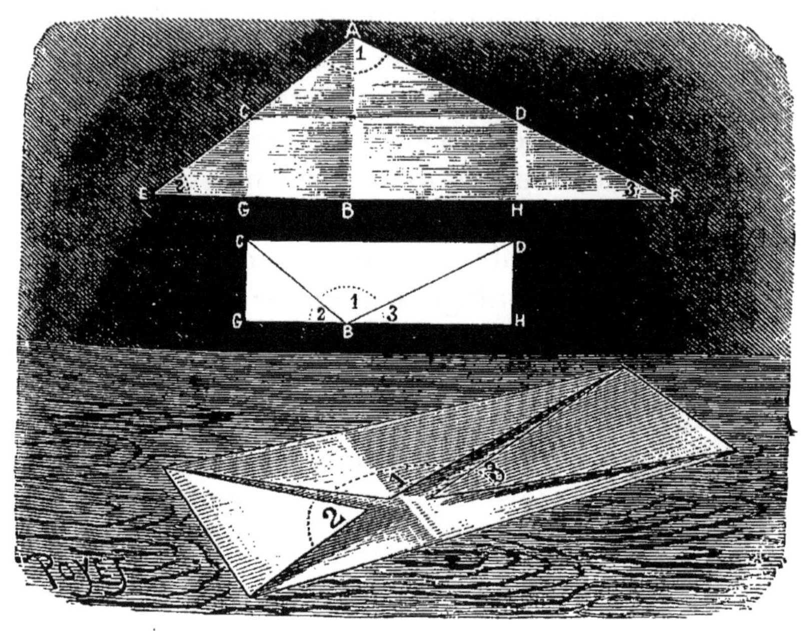

La Somme des angles d'un triangle.

LA géométrie nous apprend que *la somme des an-gles d'un triangle est égale à deux angles droits.* La démonstration de ce théorème est assez simple si nous avons à notre disposition du papier et un crayon. Mais il s'agit ici de faire cette démonstration d'une façon toute matérielle, et de manière à la faire comprendre même des personnes peu initiées à la géométrie.

Découpons, dans du papier, un triangle quelconque, soit le triangle A E F. Nous voulons prouver que la somme des angles EAF, AEF et EFA, numérotés 1, 2 et 3 sur notre dessin, est égale à deux angles droits. Pour cela, plions d'abord notre triangle suivant la ligne AB, en ayant soin que la ligne BE soit bien sur la direction de BF. Remettons notre triangle à plat, et faisons remarquer que nous avons au point B deux angles droits, EBA et FBA comme nous l'avons vu plus haut à propos de la construction de l'équerre. Rabattons maintenant sur le point B les trois pointes de notre triangle de papier, en le pliant suivant les lignes CD, CG et DH. Nous voyons sur la figure que les trois angles 1, 2 et 3 se trouvent ainsi juxtaposés et de plus qu'ils recouvrent exactement les deux angles droits de tout à l'heure, sans que les pointes chevauchent l'une sur l'autre et sans qu'il y ait de vides entre elles (1). La somme des trois angles de notre triangle est donc bien égale à deux angles droits.

----

(1) Il est facile de voir que le pli CD est parallèle à la base EF, comme perpendiculaire à la ligne AB. Cette parallèle à la base coupant la hauteur AB en deux parties égales, il en résulte que la ligne AE est aussi coupée par CD en deux parties égales, et que AC = CE. Dans le rabattement de A en B, ces deux lignes coïncideront donc exactement. De même pour les lignes AD = DF

La Trisection de l'angle.

OICI une sorte d'équerre facile à construire, qui vous permettra de diviser un angle quelconque en trois parties égales.

Elle est formée d'une planchette découpée de la façon suivante :

Les côtés A D et A E sont à angle droit, la partie

A C B O est constituée par un demi-cercle dont le rayon O A ou O B est égal à A E et dont la circonférence est tangente au point A au côté AD. Les points A et O sont marqués sur l'équerre par deux petites encoches.

S'agit-il de diviser en trois parties égales un angle quelconque X S Y ? Plaçons notre équerre de façon que son côté A D passe par le sommet S de l'angle, que l'extrémité E de l'équerre se trouve sur le côté SX, et que l'arc de cercle A C B soit tangent à l'autre côté S Y de l'angle. Traçons au crayon la ligne S A, le long de ce côté de l'équerre ; marquons sur le papier le point O, à l'endroit de l'encoche ; enlevons notre équerre, joignons le point S au point O. Rien de plus simple, n'est-ce pas, que le tracé de ces deux lignes ? Eh bien ! nous venons sans nous en douter de diviser notre angle en trois parties égales. Pour le démontrer, les notions de la géométrie la plus élémentaire sont suffisantes : Les deux angles X S A, A S O sont égaux, comme faisant partie de deux triangles égaux E S A, A S O qui sont rectangles en A, ont un côté commun S A, et deux côtés égaux A E, A O. Les deux angles A S O, O S Y sont égaux, comme étant formés par les deux tangentes S A et S Y, menées du point S au cercle, et par le côté commun S O qui joint le point S au centre de ce cercle. Les trois angles E S A, A S O et O S Y sont donc égaux, ce qu'il fallait démontrer.

On peut fabriquer l'équerre avec une feuille de carton, en mettant seulement beaucoup de soin à découper la partie circulaire.

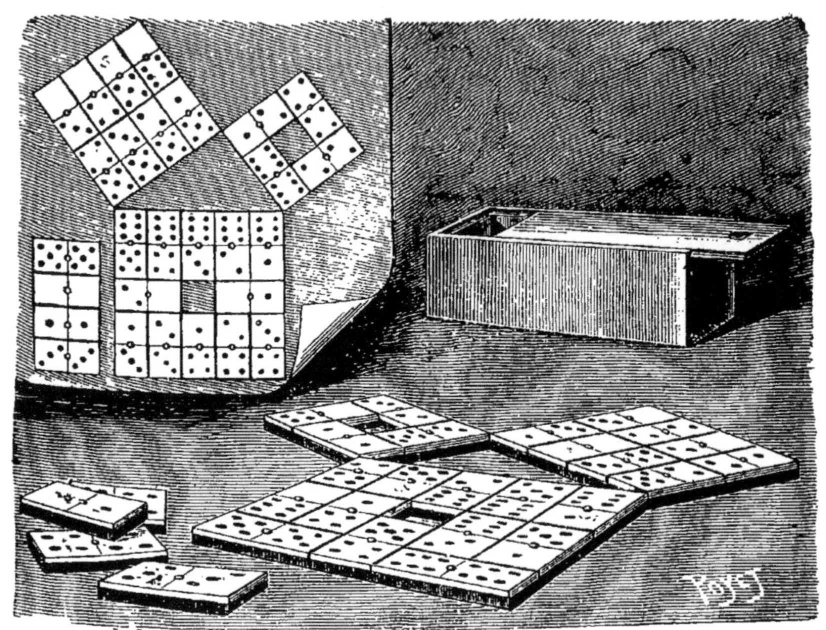

Le Carré de l'hypoténuse.

(DÉMONSTRATION
DU THÉORÈME FAITE AVEC UN JEU DE DOMINOS)

Le carré de l'hypoténuse
Est égal — si je ne m'abuse —
A la somme des deux carrés
Construits sur les autres côtés (1).

Pas de tableau noir, pas de papier; un simple jeu de dominos va nous servir pour cette démonstration, appliquée à un triangle rectangle dont les côtés

---

(1) L'énoncé du théorème est le suivant : *le carré construit sur l'hypoténuse d'un triangle rectangle est équivalent à la somme des carrés construits sur les deux côtés de l'angle droit.*

ont respectivement comme grandeurs les nombres 3,
4 et 5.

Remarquons que chaque domino a la forme d'un
rectangle composé de deux carrés.

Construisons le carré de l'hypoténuse et comptons le
nombre de petits carrés qu'il contient; nous en trou-
vons 24, puisqu'il a fallu 12 dominos, plus un vide
équivalant à un de ces petits carrés, soit, en tout,
25 petits carrés égaux, ayant chacun la surface d'un
demi-domino.

Faisons de même pour les carrés construits sur les
deux autres côtés. Sur le côté 3, nous avons employé
4 dominos, ce qui nous donne 8 carrés, plus un vide,
soit 9 petits carrés égaux. Enfin, sur le côté 4, nous
avons 8 dominos, ce qui nous donne 16 petits carrés
égaux. Or, ces chiffres de 9 carrés et de 16 carrés nous
donnent, en les additionnant, le chiffre 25, qui est
exactement le nombre que nous avions trouvé pour le
carré construit sur l'hypoténuse.

Ce qu'il fallait démontrer.

Voilà pour les mathématiciens, mais il faut que les
amateurs de dominos y trouvent aussi leur compte, et
c'est à eux que je m'adresse maintenant :

La petite figure, à gauche de notre dessin, vous
montre une combinaison de 24 dominos choisis spécialement; additionnez les points des dominos du grand
carré, vous trouverez 75; ceux des deux autres carrés
vous donnent d'une part 27, de l'autre, 48 points. Or,
27 et 48 font justement 75, somme des points du grand
carré.

La Cheville universelle.

ÉCOUPEZ, dans une carte de visite, trois ouvertures : un cercle, un carré et un triangle.

La hauteur et la base du triangle, le côté du carré et le diamètre du cercle devront être égaux entre eux, et de la grandeur du diamètre d'un bouchon.

Remettez la carte ainsi perforée à l'un de vos amis, et priez-le de boucher exactement, avec un même bouchon, les trois fenêtres qui sont de formes si différentes.

La fermeture du cercle est toute trouvée ; il suffit d'y introduire la base du bouchon, qui a le même diamètre.

Pour fermer l'ouverture carrée, il faut couper le bouchon parallèlement à sa base, de telle sorte que sa hauteur soit égale à son diamètre. En plaçant le bouchon debout dans l'ouverture, il la bouchera exactement. Reste le triangle. Celui-là pourra faire chercher l'amateur assez longtemps.

Pour le boucher avec notre *cheville universelle*, il faut faire au bouchon deux entailles suivant deux plans obliques passant tous deux par un même diamètre de la base et par les bords correspondants de l'autre base. Le bouchon a alors la forme d'une sorte de bonnet de police, comme on le voit sur notre dessin. Vous n'avez rien changé ni à sa hauteur, ni à sa base; le triangle qu'il présente quand vous le mettez de profil vous montre que vous avez trouvé la solution cherchée; placez-le dans la carte, comme l'indique notre gravure; il remplira exactement l'ouverture triangulaire (1).

---

(1) Vous pourrez profiter du jeu de la cheville universelle pour expliquer à un enfant ce qu'on entend par plan (le cercle), élévation latérale (le triangle) et élévation longitudinale (le carré) dans un dessin d'architecture.

Tracer un ovale avec un compas ordinaire.

ON a souvent à tracer un ovale, et l'on fait ce tracé au moyen d'arcs de cercle qui se raccordent les uns aux autres.

Il existe bien des compas permettant d'obtenir ce genre de figure d'une façon continue, mais ce sont des appareils coûteux et compliqués.

Voici comment vous pouvez, à l'aide d'un compas ordinaire, tracer d'une façon continue la courbe cherchée : il suffit d'enrouler, sur un corps cylindrique (par exemple une feuille de carton que l'on cintre à volonté)

la feuille de papier sur laquelle la figure doit être tra-
cée. Placez la pointe sèche du compas au point qui
devra être le centre de l'ovale, et tracez sur ce papier,
avec le crayon ou le tire-ligne, une figure qui serait un
cercle si le papier était posé à plat sur la table, mais qui
est un ovale par suite de l'enroulement du papier sur
le cylindre.

Ce petit tour de main, peu connu des dessinateurs,
est employé dans un certain nombre d'ateliers; la
courbe obtenue dépend du rayon respectif du cylindre
de carton et de l'ouverture du compas (1); dans certains cas elle ressemble suffisamment à l'ellipse pour
qu'un œil non prévenu puisse s'y tromper.

(1) Nous ne pouvons entrer dans de grands détails sur la forme géométrique de la courbe; elle est l'intersection d'une sphère et d'un cylindre; dans
l'espace, elle est du 4e degré.

En faisant augmenter progressivement le rayon de la sphère, la courbe
obtenue par développement est d'abord voisine du cercle puis elle s'allonge
pour ressembler à l'ellipse, devient une courbe à deux points anguleux et
enfin une courbe en deux parties se rapprochant de plus en plus de la ligne
droite.

Le rayon du cylindre, pour le tracé de l'ovale, doit être plus grand que la
moitié du rayon de la sphère, c'est-à-dire que la moitié de l'ouverture du
compas.

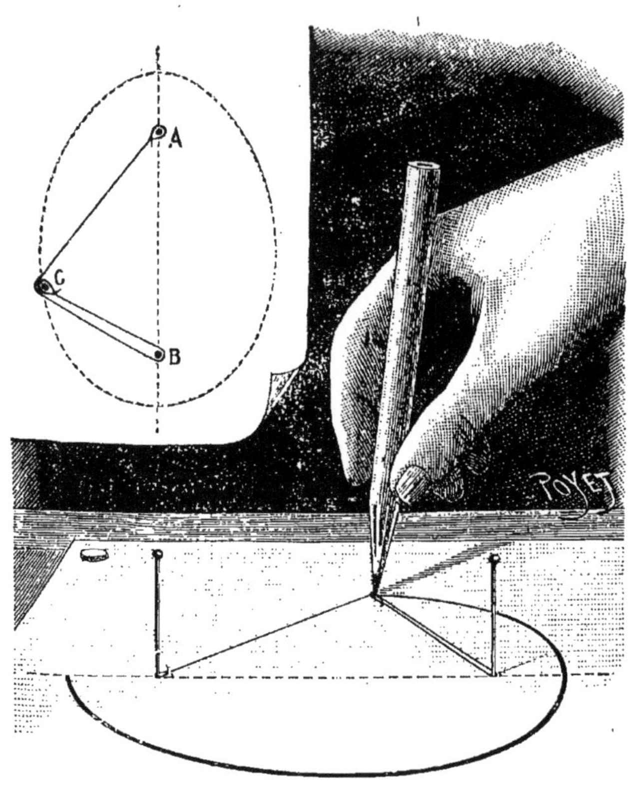

Le Tracé de l'œuf.

Nous connaissons le tracé de l'ellipse du jardinier, qui dessine les contours de ses plates-bandes au moyen d'un cordeau attaché à deux piquets, le long duquel il fait glisser son plantoir en maintenant le cordeau toujours tendu.

Les dessinateurs remplacent les piquets par deux épingles, le cordeau par un bout de fil et le plantoir par un crayon, et obtiennent un tracé continu et très exact des ellipses de tout genre (1).

Voici un procédé original permettant de tracer d'une manière continue la figure d'un œuf, que l'on n'obtenait jusqu'ici que par un tracé long et compliqué. Piquez deux épingles A et B dans votre papier, et prenez un bout de fil plus long que la distance de ces deux épingles, et terminé par deux boucles. Accrochez l'une de ces boucles à l'épingle A, et placez la pointe du crayon C dans l'autre, après que l'extrémité du fil a contourné l'épingle B. Promenez maintenant la pointe du crayon sur votre papier, *en maintenant le fil toujours tendu*, à l'aide de cette pointe, comme l'indique notre dessin. Vous tracez ainsi la moitié de l'œuf située d'un même côté de l'axe; pour tracer la moitié symétrique de celle-ci, contournez l'épingle B avec l'extrémité du fil dans le sens opposé à celui de tout à l'heure, et vous complétez votre tracé, dont les deux parties se raccordent exactement. En faisant varier la distance des épingles et la longueur du fil, vous obtenez des œufs arrondis ou pointus de toute grandeur et de toute forme.

Dans l'exemple que nous avons choisi, le contour de l'œuf renferme les deux épingles; en raccourcissant le fil, ce contour passerait entre les deux épingles, sans pour cela cesser d'être celui d'un œuf.

____

(1) En effet, l'ellipse est, par définition, une courbe telle que la somme des distances de chacun de ses points à deux points fixes appelés foyers est constante. Dans le tracé avec le fil, la somme de ces distances est constante, puisqu'elle est toujours égale à la longueur du fil.

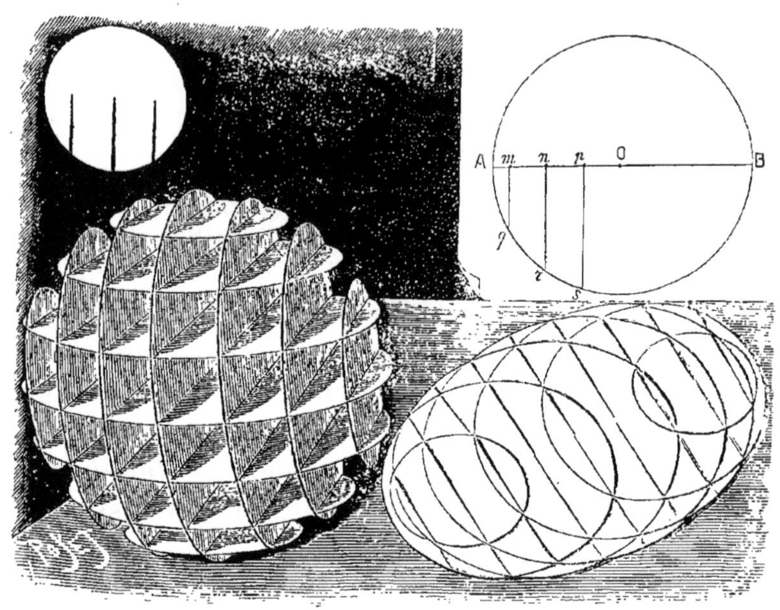

Construction d'une sphère en papier.

ÉCRIVEZ avec un compas, sur une feuille de papier, un cercle de 6 centimètres et demi de diamètre ; tracez le diamètre AB (voir la figure en haut du dessin et à droite), sur lequel vous porterez, à partir du centre O, trois divisions ayant chacune 1 centimètre de largeur. Aux points de division *m*, *n*, *p*, ainsi obtenus, élevez sur le diamètre les perpendiculaires *mq, nr, ps*.

Le rayon AO et ces trois perpendiculaires vous donneront les longueurs respectives des rayons des cercles-éléments de la sphère, que vous tracerez, puis découperez dans du papier fort ou des cartes de visite.

Il faudra deux cercles de rayon AO, que nous appellerons cercles n° 1, quatre cercles, n° 2, ayant leurs rayons égaux à *ps*, quatre cercles n° 3 de rayon *nr*, enfin, quatre cercles n° 4 de rayon *mq*, ce qui donne en tout quatorze cercles-éléments. Avant de découper ces cercles, vous y aurez exécuté au crayon le tracé suivant, analogue à celui du cercle primitif de tout à l'heure : dans chacun de ces cercles, portez sur le diamètre, et de part et d'autre du centre, des divisions de 1 centimètre de largeur, puis élevez des perpendiculaires sur chacun de ces points de division. Étant donné le petit diamètre des cercles n° 4, vous ne pourrez y tracer que trois de ces perpendiculaires, comme l'indique la figure de gauche du dessin. Les cercles n° 3 auront cinq perpendiculaires, les cercles n° 2 en auront sept, de même que les cercles n° 1.

Découpez maintenant les contours des quatorze cercles, puis entaillez, avec des ciseaux ou un canif, toutes les perpendiculaires depuis le bord du cercle jusqu'au diamètre, en ayant soin, si vous opérez sur du carton mince ou des cartes de visite, que ces entailles aient une largeur égale à l'épaisseur du carton. Vous voilà maintenant prêts à procéder au montage de la sphère. Prenez dans chaque main l'un des grands cercles n° 1, en les tenant par leur moitié non entaillée, et entre-croisez l'une dans l'autre les deux entailles du milieu, en maintenant les cercles perpendiculaires l'un à l'autre, jusqu'à ce que les deux diamètres se rencontrent. Placez de même perpendiculairement, à cheval sur les entailles correspondantes d'un des cercles n° 1, deux des cercles n° 2, deux des cercles n° 3 et enfin deux des cercles n° 4, dont les entailles devront s'entre-croiser à fond avec celles du cercle n° 1. Vous avez maintenant à placer les 6 cercles qui restent perpendiculairement à ceux que vous venez de fixer. Avec un peu de patience et d'adresse, vous y arriverez facilement, en guidant avec un crayon les languettes de carton qui refuseraient de se mettre en place.

Vous aurez ainsi construit la boule composée d'alvéoles carrées représentée sur notre dessin; elle possède la curieuse particularité suivante : en la pressant entre le pouce et l'index, vous l'aplatissez immédiatement et elle prend alors la forme représentée à droite de la figure. Par une pression contraire, vous lui redonnerez la forme sphérique. La sphère en papier, dont je viens d'indiquer la construction, vous permettra de donner à un enfant un certain nombre de définitions sur la sphère et spécialement sur la sphère terrestre. Vous lui montrerez l'équateur (un grand cercle) et les deux pôles correspondants; vous lui apprendrez ce que c'est qu'un méridien, un parallèle, etc. La leçon finie, vous aplatissez la boule et remettez la terre dans votre poche.

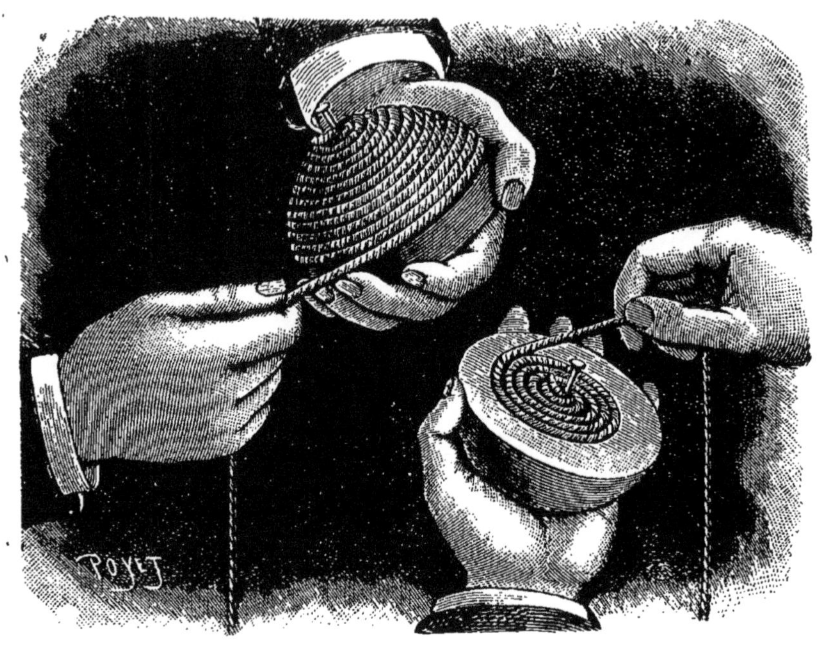

Surface de la sphère.

UN jeu de dominos nous a permis de répéter la démonstration du carré de l'hypothénuse; un morceau de papier plié nous a prouvé que la somme des trois angles d'un triangle est égale à deux angles droits; nous allons maintenant, avec des moyens tout aussi matériels et sans aucun calcul, démontrer l'un des théorèmes les plus importants de la géométrie dans l'espace, qui est le suivant : *la surface d'une sphère est égale à quatre fois la surface d'un grand cercle.* (On sait qu'un grand cercle est la section faite dans la sphère par un plan passant par son centre ; le rayon du grand cercle est par conséquent égal au rayon de la sphère.)

Scions par son milieu une sphère de bois quelconque, une boule de jeu de croquet, par exemple ; prenons une des moitiés ainsi obtenues, et fixons-y l'extrémité d'une corde au moyen d'un clou enfoncé au *pôle* du grand cercle, c'est-à-dire au point de la demi-sphère qui est le plus élevé quand nous posons la partie plate sur une table. Enroulons la corde autour du clou puis sur la surface de la demi-sphère comme sur une toupie de façon qu'elle recouvre exactement toute la surface courbe de la moitié de la boule que nous tenons à la main ; arrêtons-nous alors et coupons la corde à l'endroit où nous avons cessé de l'enrouler. Prenons maintenant l'autre moitié de boule et un bout de corde de même grosseur que la précédente ; fixons son extrémité par un clou enfoncé au centre du cercle (qui est un grand cercle de la sphère, puisque notre scie a passé par le centre) ; enroulons la corde en spirale autour du clou en l'appliquant bien à plat sur le cercle ; arrêtons-nous lorsque le cercle est entièrement recouvert, et coupons la corde à l'endroit où nous nous sommes arrêtés. Déroulons maintenant les deux cordes, et nous constaterons que la première est exactement deux fois plus longue que la seconde. Nous en concluons que la surface de la demi-sphère est égale à deux fois la surface d'un grand cercle, et, par conséquent, que *la surface de la sphère entière est quadruple de celle d'un grand cercle*, ce que nous voulions démontrer.

I. — RÉCRÉATIONS

Le Rémouleur.

Voulez-vous étonner, dans un dîner d'amis, les personnes placées de l'autre côté de la table? Offrez-leur d'aiguiser leurs couteaux sur une meule d'un nouveau système.

Placez votre assiette sur vos genoux, la partie creuse tournée de votre côté, et maintenez-la verticale en l'appuyant sur le bord de la table, qu'elle devra dépasser de 5 centimètres environ. Cela fait, appuyez la lame d'un couteau sur le bord de votre assiette, en prenant la position du rémouleur, et, par un petit mou-

vement de trépidation des jambes, faites tout simplement danser l'assiette sur vos genoux, de façon à ce
qu'elle s'élève et s'abaisse rapidement de 1 ou 2 millimètres au plus, le couteau la frôlant à peine. Les
spectateurs assis en face de vous *croiront voir l'assiette
tourner sur elle-même,* comme le ferait la meule d'un
repasseur de couteaux, et ils admireront l'adresse avec
laquelle vous avez pu lui communiquer un mouvement
de rotation aussi rapide.

La Question des ciseaux.

Passez chacun de vos petits doigts dans l'un des anneaux d'une paire de grands ciseaux, les doigts en avant, les paumes des mains tournées en l'air, et les pointes des ciseaux dirigées en bas, comme l'indique la figure 1 de notre dessin.

Par une petite secousse des deux mains, mettez en avant les deux pointes, puis, continuant ce mouvement de rotation, amenez ces deux pointes en face de votre poitrine, dans la position de la figure 2.

A ce moment, placez vos mains dos à dos, et, continuant le mouvement de rotation dans le même sens, amenez de nouveau les pointes en face du spectateur, puis finalement en l'air, c'est-à-dire dans la position opposée à celle qu'elles occupaient figure 1, et représentée figure 3.

Essayez l'expérience avec une paire de ciseaux avant de lire la solution du problème, et vous serez surpris d'arriver invariablement à la position suivante : les mains dos à dos, *mais les pointes des ciseaux en bas*, alors qu'elles devraient être en l'air, sans qu'il vous soit possible de modifier cette position des ciseaux à moins de séparer vos deux mains.

Priez les membres de l'assistance d'essayer à leur tour ; ils arriveront tous à la même position finale.

Voici maintenant la précaution bien simple qu'il vous suffira de prendre pour réussir :

Au moment où les pointes des ciseaux sont dirigées contre votre poitrine, dans la position indiquée à la figure 2, ayez soin de n'engager dans les anneaux que la dernière phalange des petits doigts, pour permettre aux ciseaux d'exécuter leur rotation entre les paumes des mains et les extrémités de ces doigts ; dès lors, en mettant les mains dos à dos, vous verrez que rien n'empêche plus les ciseaux d'exécuter le mouvement complet de rotation qui semblait tout d'abord impossible.

Enfilage merveilleux d'une aiguille.

NFILEZ un brin de fil de 2 mètres de long dans une aiguille à coudre de grosseur ordinaire (n° 6 environ) et à chas allongé ; tirez sur ce fil de façon que les deux bouts soient de même longueur. A la distance de 8 ou 10 centimètres de l'aiguille, détordez légèrement ces deux bouts et passez la pointe de l'aiguille à travers chacun d'eux, comme l'indique notre n° 1. Tirez complètement l'aiguille et le fil à travers les deux bouts de fil comme l'indique la figure 2, et continuez jusqu'à ce que les brins de fil reviennent se placer sur le prolongement l'un de l'autre et ne fassent plus aucune boucle. Vous aurez ainsi passé les deux brins de fil dans deux sortes d'œillets imperceptibles, dont nous verrons l'usage dans un instant. Ces préparatifs ayant été faits en secret, présentez au public votre aiguille qui semble enfilée avec un fil, à la manière ordinaire. Asseyez-vous devant une table, et annoncez que, en tenant l'aiguille sous la table et sans regarder vos mains, vous allez enfiler dans l'aiguille huit ou dix autres brins de fil.

Tenez l'aiguille verticalement de la main droite, prenez de la main gauche l'un des brins de fil, dans la partie située entre les œillets et la tête de l'aiguille, et tirez sur ce brin dans le sens indiqué par la flèche sur la figure 3. Vous forcez ainsi les œillets à passer par le chas de l'aiguille, entraînant avec eux les deux brins de fil qui les traversent. Voilà déjà trois brins de fil passés dans le trou de l'aiguille (fig. 3). Vous continuez à tirer sur ces trois brins, toujours dans le sens de la flèche. A chaque passage des œillets, deux nouveaux brins s'ajoutent aux précédents, de telle sorte que vous arrivez à passer dans le trou de l'aiguille neuf et même onze brins de fil, et cela sans avoir regardé vos mains, comme vous l'aviez annoncé. Lorsque vous sentez de la résistance, c'est que l'opération est terminée ; l'aiguille a alors l'aspect représenté sur la droite du dessin. Demandez une paire de ciseaux, et coupez (toujours sans regarder) la partie inférieure des boucles de fil, puis montrez votre aiguille traversée par un grand nombre de fils, comme on le voit à gauche de la figure.

L'Enervant.

LA mode est aux petits jeux d'adresse, et tous les jours nous en voyons paraître de nouveaux. Le moment est donc propice pour présenter à nos lecteurs le jeu de l'*énervant,* qui n'est ni long ni difficile à construire, mais qui n'en aura pas moins la faculté d'exercer et peut-être de lasser la patience des amateurs.

Découpez un anneau de carton ayant l'épaisseur d'une pièce de 10 centimes environ. Le diamètre extérieur sera celui d'une pièce de 10 centimes, et le diamètre du trou intérieur celui d'une pièce de 50 centimes.

Collez ce disque, à l'aide d'un peu de gomme, au centre d'une assiette, et proposez à quelqu'un de vos amis de faire passer dans ce disque, et de l'y maintenir, une bille ordinaire placée sur l'assiette. C'est en regardant les efforts de l'opérateur que vous comprendrez pourquoi ce jeu a été appelé « l'énervant ». Il faut, en effet, donner à la bille une certaine vitesse pour qu'elle franchisse l'épaisseur du carton afin d'entrer dans le trou de l'anneau, mais cette vitesse l'en fait aussitôt ressortir de l'autre côté.

Voulez-vous réussir sans apprentissage? Approchez doucement la bille du disque en inclinant très légèrement votre assiette, puis *abaissez* celle-ci brusquement, comme si vous la laissiez tomber de 2 ou 3 centimètres, et relevez-la aussitôt en plaçant le centre de l'anneau sous la bille; celle-ci n'est pas en effet tombée aussi vite que l'assiette, ce qui lui permet de franchir le bord du disque sans le toucher; de plus, elle n'a de vitesse latérale ni dans un sens ni dans l'autre, et se maintiendra au centre du disque dès que vous aurez réussi à l'y introduire par le moyen que je viens d'indiquer.

Briser à distance le talon d'une pipe.

Tout le matériel nécessaire se réduit à une ou **plu-sieurs** pipes en terre, selon que votre apprentissage aura été plus ou moins rapide.

La pipe en terre ordinaire porte, en dessous du fourneau, une saillie ou talon qu'il s'agit de briser à distance de la manière suivante :

Cassez un petit bout du tuyau, long de 5 à 6 centimètres, et posez-le sur le bord d'une table, de façon qu'il dépasse de 2 centimètres environ. Priez un de vos amis, placé de l'autre côté, d'appuyer sa main

sur la table et de maintenir la pipe obliquement, **en**
entrant son petit doigt dans le fourneau, comme le
représente notre dessin.

Dans cette position, le talon est en l'air, et, en vous
baissant pour viser, vous placerez le petit bout de tuyau
qui doit vous servir de projectile bien en ligne droite
avec le tuyau de la pipe. Il suffit d'avoir un peu **de**
coup d'œil.

Ceci fait, annoncez à l'assistance que vous allez don-
ner, avec la paume de la main, un coup violent sur le
bout du tuyau qui déborde la table, et que celui-ci,
glissant sur la table, montera le long du tuyau de la
pipe tenue par votre ami et ira en briser le talon, laissant intacts le tuyau et le fourneau. Il suffit, pour réussir, de donner le coup bien franchement dans la direction
de la pipe ; essayez, et vous serez tout étonné de réussir,
au bout de deux ou trois fois, une expérience que bien
des personnes seraient tentées de déclarer impossible.
La figure 1 de notre dessin vous montre la manière de
disposer l'opération, la figure 2 vous indique le résultat.

Une position délicate.

C'EST l'heure de la récréation, et le collégien, qui
vient de grimper à l'un des arbres de la cour, a eu
l'idée, pour se maintenir en l'air sans se fatiguer les
bras, de croiser ses jambes, en passant son pied sous

le jarret de l'autre jambe, comme l'indique la première figure de notre dessin. Malheureusement pour lui, il s'est laissé glisser, dans cette position, jusqu'au sol, et le voilà dans l'impossibilité de se séparer de l'arbre! (*fig.* 2). Pour comble de malheur, la cloche sonne, et, malgré ses contorsions qui font la joie de ses camarades, il est condamné à rester ainsi jusqu'à ce que le maître compatissant vienne le délivrer. Il possède cependant un moyen de se sortir d'affaire; c'est de pivoter de gauche à droite autour de l'arbre, comme l'indiquent les flèches des figures 2 et 3, et puisque l'action de ses pieds est paralysée par le poids de son corps, il devra se servir de ses mains comme de point d'appui.

La Chandelle flottante.

Voici un petit jeu amusant et inoffensif, qui a toujours une certaine vogue dans les fêtes foraines.

On fait ranger les jeunes amateurs autour d'un baquet rempli d'eau, dans lequel nage une chandelle, et l'on promet un prix à celui qui, sans y mettre les mains bien entendu, aura retiré de l'eau la chandelle en la prenant avec sa bouche.

Cela vous semble très simple, n'est-ce pas, mais il sera facile à mes lecteurs de constater le contraire en

répétant l'expérience chez eux, avec un seau d'eau, et
en remplaçant la chandelle par une petite balle de
caoutchouc, dont le contact avec les lèvres est moins
désobligeant. L'amateur a beau enfoncer bravement la
tête dans l'eau, balle ou chandelle plongent dans le
liquide pour remonter plus loin dès que les lèvres s'a-
vancent pour les saisir, et les grimaces du patient dont
la figure ruisselle après chaque plongeon ne manquent
pas de provoquer les éclats de rire de l'assistance. Voici
le secret pour réussir : Approchez votre bouche le plus
près possible du corps flottant, et *aspirez* un peu en la
plongeant dans le liquide ; le vide produit suffit pour
maintenir la balle à la surface, et vous permettre de la
saisir avec les lèvres sans aucune difficulté.

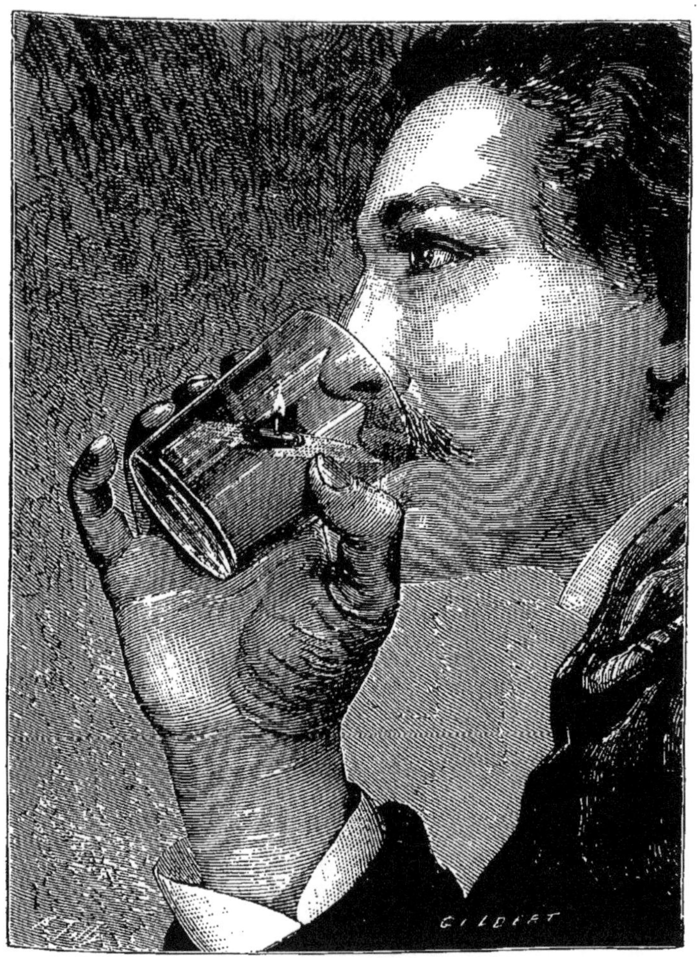

Veilleuse comestible.

Nous connaissons tous la plaisanterie consistant à manger une chandelle découpée dans une pomme, et dont la mèche n'est autre chose qu'un morceau d'amande qui brûle grâce à l'huile contenue dans ce fruit.

Voici, pour nos jeunes lecteurs, le complément de cette amusante farce.

Il s'agit d'avaler, non plus seulement une chandelle, mais encore une veilleuse, avec l'huile dans laquelle elle surnage !

Lorsque je vous aurai indiqué en quoi consiste la supercherie, vous trouverez que l'exécution de cette opération n'a rien que de délectable ; la veilleuse est, en effet, découpée dans une amande ; un petit morceau d'amande piqué dans le flotteur représente la mèche, qui brûle comme je l'ai dit pour la chandelle ; quant à l'huile, elle est avantageusement remplacée par un peu de vin blanc, que vous aurez choisi le plus jaune possible. Au moment d'avaler la veilleuse tout allumée, donnez une petite secousse qui la fait couler à fond, ce qui l'éteint, et la refroidit instantanément, et vous jouirez de l'étonnement de l'assistance, pour qui ce spectacle d'un mangeur de feu et d'un buveur d'huile sera certainement nouveau.

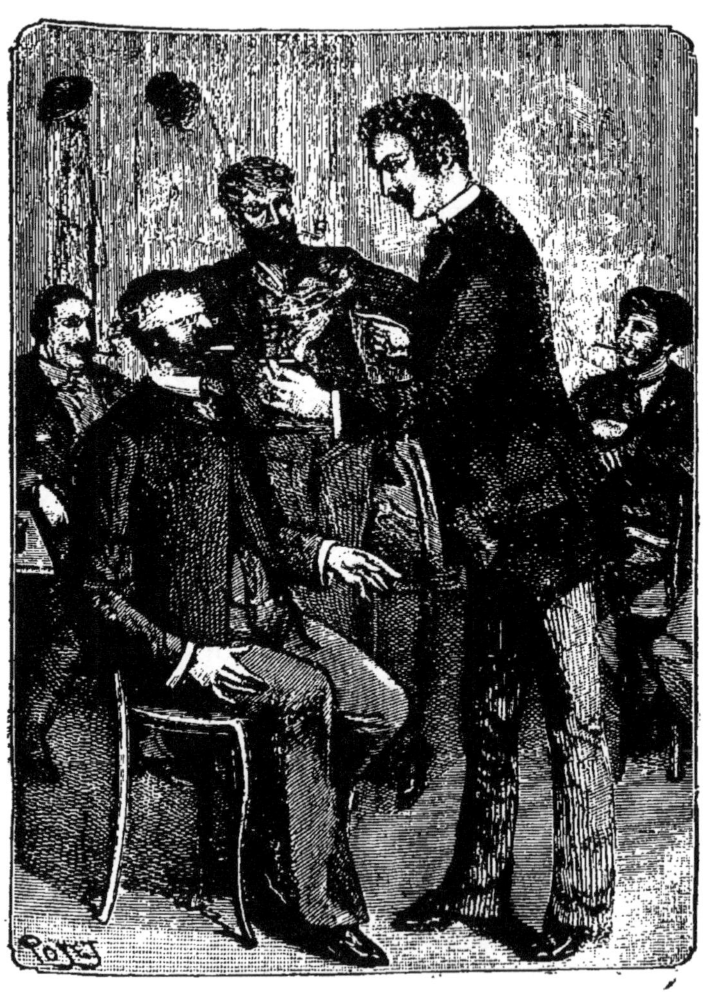

L'Illusion du fumeur.

C'EST au fumoir que vous pourrez répéter l'expérience suivante.

Choisissez parmi les assistants le fumeur le plus

endurci; prenez deux cigarettes, qu'il humectera toutes deux avec ses lèvres; n'en allumez qu'une, et priez-le de fermer les yeux, ou, pour éviter toute supercherie de sa part, bandez-les-lui solidement. Approchez-vous maintenant de lui avec une cigarette dans chaque main, et faites-les lui fumer alternativement l'une et l'autre, pas trop fort, en interrompant la régularité autant que possible. Au bout de quelques aspirations, il ne saura pas deviner quelle est celle des deux cigarettes qui est allumée.

La publication de cette expérience peu connue va réjouir la société contre l'abus du tabac; elle tendrait à prouver que l'action de fumer n'offre pas un plaisir par elle-même, puisque ce plaisir reposerait sur une illusion.

Couper du verre avec des ciseaux.

ON peut couper avec des ciseaux ordinaires une feuille de verre, un morceau de carreau, par exemple, aussi facilement que l'on couperait une feuille de carton.

Tout le secret consiste à plonger dans un seau d'eau

le verre, les ciseaux et les mains; le verre se coupe en lignes droites ou courbées sans cassure ni fente; cela tient à ce que l'eau amortit les vibrations des ciseaux et de la plaque de verre.

Si l'opérateur laissait sortir de l'eau la plus petite partie des ciseaux, les vibrations seraient suffisantes pour empêcher le succès de l'expérience.

Je vais rencontrer, je le sais, bien des incrédules; qu'ils essaient, et ils seront convaincus.

On peut aussi découper du verre mince avec des ciseaux, et sans le plonger dans l'eau, en recouvrant ce verre de bandelettes de papier solidement collées et disposées dans tous les sens; ces bandelettes amortissent assez les vibrations pour empêcher le verre de se casser; le procédé du seau d'eau, toutefois, réussit plus sûrement.

Manière d'écrire et de dessiner de la main gauche.

ETTE expérience repose sur l'observation suivante : *la main gauche posée à côté de la droite a toujours une tendance à faire les mêmes mouvements en sens inverse.*

Si vous voulez écrire ou dessiner de la main gauche, sans avoir besoin d'un long apprentissage, prenez votre crayon de la main gauche et un petit morceau de bois quelconque de la main droite. Avec cette main droite, promenez le bout de bois comme si vous écriviez réellement le mot que vous voulez tracer ; la main gauche, et par suite le crayon, suivront exactement tous les mouvements de la main droite, mais en sens inverse. Vous arriverez très promptement à écrire ainsi très lisiblement de la main gauche; les lettres seront, il est vrai, tracées à l'envers, mais si vous avez écrit sur du papier mince, du papier à calquer, par exemple, vous les lirez par transparence; si vous vous êtes servi d'un papier opaque, il suffira à celui qui vous lit de le mettre devant une glace pour rétablir l'écriture à l'endroit.

Le procédé indiqué pour l'écriture vous servira également pour l'exécution de croquis assez simples.

La Pièce insaisissable.

PLACEZ au milieu de votre main, étendue à plat, une pièce de monnaie, par exemple une pièce de 50 centimes. Priez un de vos amis de prendre une brosse, et annoncez-lui que la pièce sera pour lui s'il parvient à l'enlever en vous brossant l'intérieur de la main.

Votre ami s'escrime de son mieux ; mais il se fatigue

inutilement, car la pièce ne bouge pas plus de votre main que si elle y était fixée avec de la colle. Il lui est interdit, bien entendu, de frapper violemment votre main avec la brosse ; l'effet immédiat serait de faire tomber la pièce par terre ; il doit se contenter de faire exactement comme s'il brossait un habit.

Je suis sûr de rencontrer, une fois de plus, bien des incrédules en indiquant cette amusante expérience ; je me bornerai à leur dire, comme toujours : essayez!

Encre effaçable.

L existe des encres qui s'effacent entièrement sous l'action de la lumière ; en donner la formule serait favoriser les gens peu scrupuleux qui désirent voir, à l'échéance, disparaître leur signature des effets de commerce qu'ils doivent payer. Je n'en parlerai donc pas ici. L'encre ordinaire s'efface, comme on le sait, avec une dissolution de chlore, mais il existe des moyens de faire revivre les caractères ainsi effacés.

L'encre effaçable dont je vais livrer le secret s'enlève instantanément et sans laisser aucune trace ; elle se compose de deux produits qui se trouvent dans tous les ménages : de l'*amidon* délayé dans de l'eau jusqu'à consistance d'une crème, dans lequel vous versez quelques gouttes de *teinture d'iode*. La chimie nous apprend qu'il se forme de l'iodure d'amidon, mais ce n'est pas au point de vue chimique que nous indiquons cette expérience.

Trempez une plume dans l'encre ainsi fabriquée et écrivez sur du papier ordinaire ; l'écriture apparaîtra en brun foncé et parfaitement nette ; elle séchera presque immédiatement.

Cela fait, il vous suffira de la frotter avec un mouchoir ou avec la main ; elle disparaîtra aussi facilement que la craie s'enlève du tableau noir sans laisser aucune trace.

Je laisse à l'imagination de mes lecteurs le soin de tirer de cette expérience toutes les applications qu'elle comporte ; elle peut donner lieu à d'amusants tours de société.

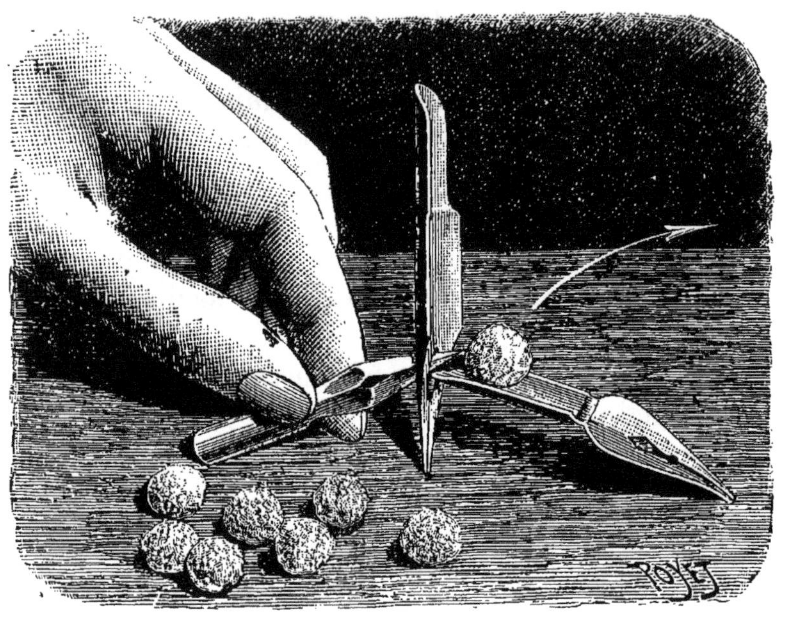

Catapulte moderne.

Vous chercherez en vain au musée de Saint-Germain, parmi les machines à fronde, balistes et autres armes de jet des anciens temps, le catapulte dont nous reproduisons le dessin ci-contre. Peut-être le trouverez-vous plutôt installé sur la table de travail d'un de nos écoliers modernes, désireux d'abréger les longueurs de l'étude en cinglant de boulettes de papier ou de mie de pain les camarades qu'il trouve trop absorbés par leurs leçons. Pas de bruit, pas de fumée; impossible donc de savoir d'où le coup est parti; jugez si le tireur s'amuse de l'ahurissement de ses victimes!

Comme construction, rien de plus simple : trois plumes d'acier suffiront, encore pourrez-vous employer des plumes qui ne sont plus bonnes pour l'écriture. Plantez verticalement dans la table deux de vos plumes l'une derrière l'autre, à la distance de la longueur d'une plume. Rabattez en arrière, en évitant de casser les becs, la plume qui est piquée devant, et maintenez-la couchée au moyen du bec de la troisième, passé par l'échancrure de la seconde plume. Le ressort est tendu; posez sur lui un de vos projectiles, attendez le moment propice, et vous n'aurez qu'à tirer en arrière la troisième plume pour rendre libre celle qui joue le rôle principal. Celle-ci se redresse brusquement, décrivant un arc de cercle indiqué par une flèche sur notre figure, et la boulette sera projetée avec une force assez grande pour aller atteindre le but, fût-il à 5 ou 6 mètres de distance.

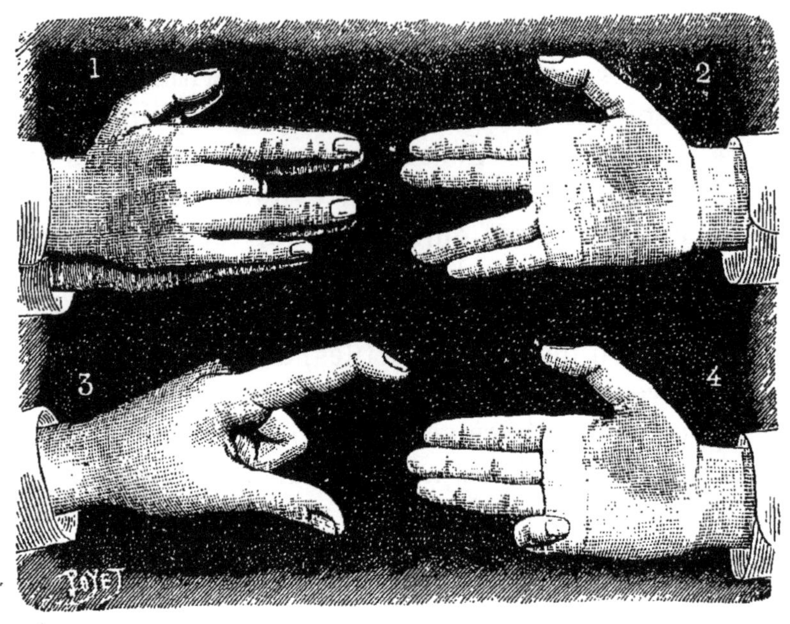

La Gymnastique des doigts.

Au lieu de nous tourner les pouces, lorsque nous sommes inoccupés, nous pouvons essayer de faire certains exercices avec nos doigts.

Le premier (n° 1 de notre dessin) semble très facile à exécuter; priez un de vos amis de serrer l'une contre l'autre les deux phalanges intermédiaires de ses doigts du milieu, en appuyant l'une sur l'autre respectivement les extrémités des pouces, des index, des annulaires et des petits doigts. C'est la position représentée sur notre figure.

Priez-le de remuer successivement en les séparant l'un

de l'autre les pouces d'abord, puis les index, puis les petits doigts; il le fera très aisément, en se demandant ce que cet exercice peut présenter de difficile; mais, arrivé aux annulaires, il s'apercevra qu'il lui est impossible de les séparer, à moins de desserrer les deux phalanges qui doivent rester toujours l'une contre l'autre. Voilà une impossibilité assez curieuse, n'est-il pas vrai? Le n° 2 nous montre l'exercice qui consiste à séparer en deux groupes l'index et le majeur d'une main, et l'annulaire et le petit doigt. Quelques personnes y arrivent assez facilement; d'autres ont besoin d'un apprentissage plus ou moins long. Le n° 4 nous montre le pliage complet du petit doigt à l'intérieur de la main, les autres doigts restant allongés et serrés les uns contre les autres. Ces deux derniers exercices sont fort utiles pour les personnes qui désirent s'assouplir les doigts pour faire avec leurs mains des ombres sur le mur. L'exercice n° 3, enfin, consiste à replier l'extrémité de la dernière phalange d'un ou de plusieurs doigts, les deux premières phalanges restant droites. Ça vous a l'air tout simple! Faites l'expérience, et vous verrez qu'on n'y arrive pas facilement.

Bulles de savon fantastiques.

ᴇs bulles de savon ordinaires se soufflent avec une pipe, un brin de paille, un tube ou un cornet de papier, etc., mais, si vous voulez obtenir des bulles grosses comme votre tête, il faut avoir recours à d'autres procédés.

Courbez autour d'une bouteille un brin de fil de fer et tordez les bouts ensemble, pour faire le manche de l'anneau ainsi obtenu; trempez cet anneau dans de l'eau de savon contenant un peu de sucre pour la rendre plus forte; retirez-le avec précaution, et vous constaterez qu'il est garni, à son intérieur, d'une mince pellicule d'eau savonneuse; tenez l'anneau verticalement devant votre bouche, soufflez doucement et d'une manière continue au centre de la pellicule; vous verrez celle-ci se renfler du côté opposé et se transformer en une poche de plus en plus allongée, jusqu'au moment où le fond se détache sous forme d'une énorme bulle, teintée des plus chatoyantes couleurs.

Lorsque vous serez bien familiarisés avec ce mode de soufflage, vous pourrez essayer du procédé suivant. Cette fois, il n'y a plus ni pipe, ni tube, ni fil de fer. C'est sans aucun appareil que nous allons opérer.

Trempez votre poing fermé dans l'eau savonneuse, ouvrez la main graduellement en arrondissant les doigts, les extrémités du pouce et de l'index se touchant de façon à former un anneau; retirez doucement votre main, et vous constaterez dans cet anneau la présence de la pellicule de tout à l'heure. Placez la main devant votre bouche, la paume en l'air, le petit doigt du côté du corps, et soufflez dans la main disposée en entonnoir; les spectateurs en verront sortir la curieuse poche irisée représentée sur notre dessin et dont le fond renflé pourra avoir jusqu'à 20 centimètres de diamètre.

Les Larmes de crocodile.

(Divisibilité des corps.)

LE pouvoir colorant des couleurs d'aniline est un exemple de la divisibilité prodigieuse de certains corps. 1 décigramme de violet ou de vert d'aniline suffit pour donner à un litre d'eau ou d'alcool une teinte assez foncée pour enlever toute transparence au liquide.

Mais, parmi ces couleurs, une des plus curieuses est, sans contredit, la fluorescéine, rémarquable par la couleur verte qu'elle communique à l'eau, en lui donnant une apparence phosphorescente des plus singulières. Il y a quelques années, on versa à l'un des orifices du Danube 10 kilogrammes de fluorescéine, et, trois jours après, on constatait que la rivière de l'Aach était teinte en vert, ce qui prouvait que cette rivière était formée par l'infiltration des eaux du Danube. Les 10 kilogrammes de fluorescéine avaient suffi pour colorer *200 millions de litres d'eau*, ou, ce qui revient au même, 1 gramme de matière colorante était reconnaissable, quoique dilué dans 20,000 litres de liquide!

C'est cette expérience que nous allons exécuter, en petit bien entendu, notre Danube étant un simple bocal de verre rempli d'eau. Quant à la fluorescéine, qu'il est difficile de se procurer, nous allons l'extraire d'un des morceaux du papier spécial constituant le jeu appelé *larmes de crocodile*. Ce papier n'est autre chose que du papier buvard que l'on a trempé dans une dissolution étendue de fluorescéine; on l'a fait sécher, puis on l'a divisé par des rainures en cinquante petits carrés. Détachez un seul de ces carrés, qui n'a que $0^m,01$ de côté, et posez-le sur la surface de l'eau du bocal, celle-ci étant parfaitement tranquille. Vous verrez la fluorescéine en sortir dès que l'eau a imbibé le papier, et descendre dans le bocal en longues gouttes vertes, aux reflets phosphorescents. Au bout de quelque temps, toute l'eau du bocal a pris une magnifique teinte d'émeraude.

La Trahison d'un verre d'eau.

Prenez un verre à boire et remplissez-le d'eau ou de tout autre liquide, jusqu'aux trois quarts environ; le bord du verre devra être bien sec. Posez dessus (comme s'il s'agissait de préserver le liquide de la poussière) une carte à jouer en carton fin et ferme, dont la figure sera tournée vers le liquide. La carte doit être assez large pour dépasser de 3 millimètres environ le bord du verre. Sa longueur est indifférente.

Laissez votre carte ainsi pendant environ une demi-heure; au bout de ce temps vous constaterez que, par suite de l'humidité provenant du liquide, la carte s'est bombée en-dessous et, par conséquent, creusée en dessus par un effet de dilatation, tandis que les bords longitudinaux se sont relevés et détachés du bord du verre.

A ce moment, prenez avec précaution votre carte par un de ses coins, et posez-la sur le verre, mais en la retournant de façon que la partie bombée soit maintenant à l'extérieur.

Posez bien délicatement sur cette partie bombée, et juste au milieu, un bouchon de fiole de pharmacie, portant à sa partie supérieure une fente dans laquelle est placé un petit personnage en papier découpé. En plaçant votre bouchon, il faut avoir la main légère, pour ne pas détruire la convexité de la carte.

Votre personnage, très fier d'être le point de mire de tous les regards, reste assis sur son bouchon, dans une tranquillité trompeuse, ne se doutant pas du complot que vous tramez contre lui. Au bout de quelques minutes, l'humidité a exercé son action sur la face inférieure de la carte, qui tend à se bomber du côté de l'intérieur du verre; un petit claquement se produit : c'est la carte qui se gondole subitement, et vous voyez le bouchon projeté en l'air. Votre personnage saute également de dessus son siège, en prouvant une fois de plus la vérité de cet adage : « La roche Tarpéienne est près du Capitole. »

Le Volant japonais.

ESSINEZ, sur une feuille de papier fort, une lame de sabre turc ou yatagan analogue à celle que représente notre dessin. mais deux fois plus grande ; le bas se terminera par une circonférence. Découpez ce modèle ; ce sera un gabarit que vous pourrez reproduire indéfiniment en le plaçant sur une feuille de papier mince, du papier de soie, par exemple, et en traçant les contours avec un crayon. Découpez toutes les figures ainsi tracées, décorez-les à votre goût avec des crayons de couleur, et vous aurez une provision de volants japonais.

Lestez vos volants en collant sur la partie ronde des pains à cacheter ou des boulettes de mie de pain aplaties, et jetez-les en l'air, le plus haut possible ; vous les verrez retomber tout doucement en tournoyant sur eux-mêmes, la résistance de l'air retardant la vitesse de leur chute, et tous ces petits volants diversement colorés produiront, dans votre salon, le plus gracieux effet.

Plus la chambre est haute, plus cet effet est joli ; et si nos jeunes lecteurs parisiens sont empêchés, faute d'espace, de se livrer à ce jeu dans leurs appartements, ils peuvent se garnir les poches de « volants japonais » lorsqu'ils monteront au sommet de la tour Eiffel.

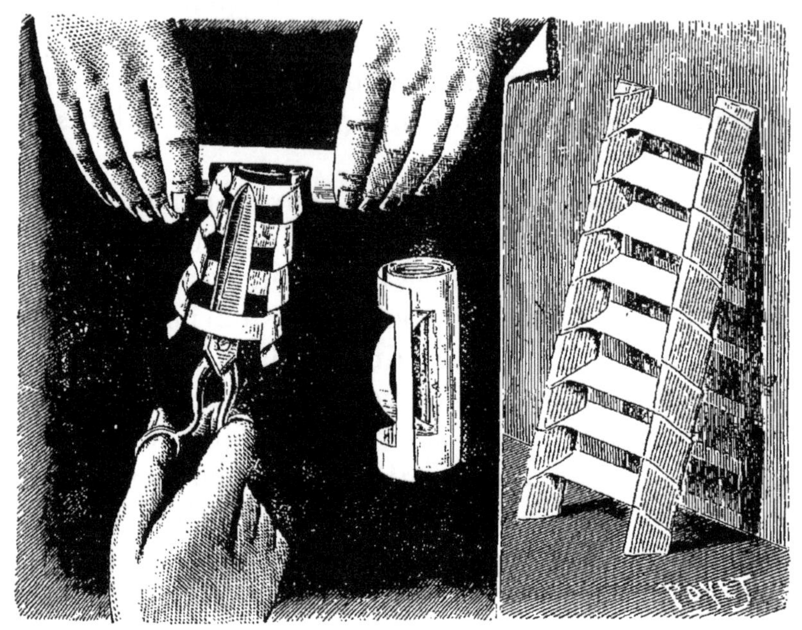

L'Échelle en papier.

Voici la manière de fabriquer, avec une feuille de papier, la petite échelle que vous voyez sur notre dessin. Le papier doit être mince et résistant, comme dimensions, celles du papier à lettres conviennent parfaitement.

Il n'est pas difficile de construire une échelle en découpant du papier que l'on colle ensuite, mais le mode de fabrication de la nôtre offre ceci d'original qu'elle doit être faite d'un seul morceau, sans colle d'aucune sorte, et *à l'aide de trois coups de ciseaux seulement*, quels que soient sa longueur et le nombre des barreaux.

Les détails de notre figure vous indiquent le procédé à employer : roulez sur elle-même la feuille de papier, dans le sens de sa largeur, en faisant des tours étroits et réguliers. Entaillez ensuite le petit rouleau par trois coups de ciseaux donnés de la manière suivante : deux petites entailles perpendiculaires au rouleau, à droite et à gauche de ce rouleau, et à 1 centimètre environ des bords, puis une grande entaille parallèle à l'axe du rouleau qui relie les deux premières entre elles. Vous faites ainsi dans le rouleau une encoche à travers laquelle vous faites passer la première bande de papier que vous apercevez au fond de cette encoche. Sur le dessin représentant le rouleau entaillé, vous voyez que cette bande a été tirée légèrement.

Si vous voulez être seul pour fabriquer l'échelle, prenez cette bande entre vos dents en tenant délicatement entre vos mains les deux bouts du rouleau ; ne serrez pas les doigts, pour éviter de déchirer le papier. En tirant lentement avec vos mains, vous faites sortir de l'encoche des bandes parallèles de papier, qui seront les barreaux de l'échelle ; les bords de ces bandes sont reliés par deux spirales. Lorsque tout est tiré, repliez deux fois sur elles-mêmes ces deux spirales en les aplatissant. Ce seront les montants de l'échelle.

Pour commencer, il est préférable de s'y mettre à deux ; l'un des opérateurs tient les deux bouts du rouleau et le second tire la première bande avec les ciseaux, comme l'indique la figure de gauche de notre dessin. Avec du soin et de l'adresse, vous réussirez parfaitement du premier coup.

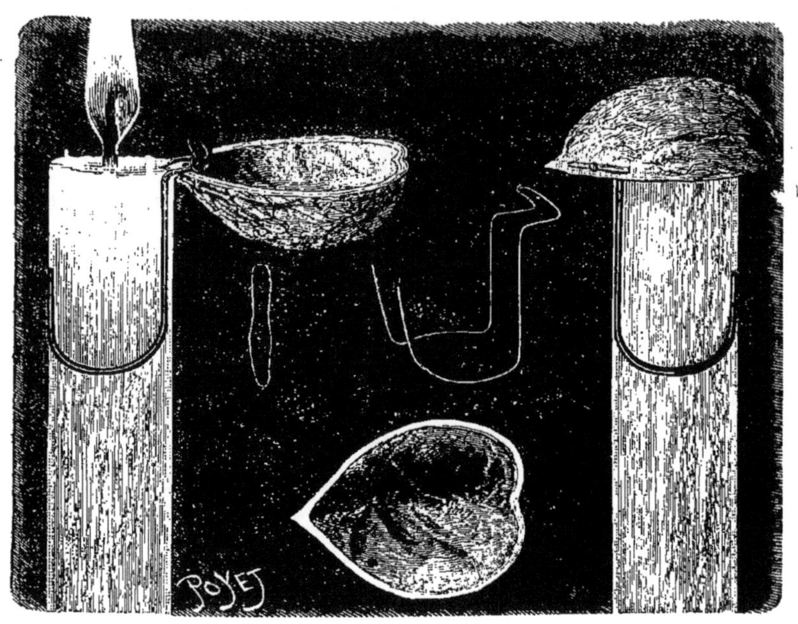

Eteignoir automatique

Bien des personnes aiment lire au lit, soit pour se distraire, soit pour s'endormir, mais dans ce dernier cas elles réussissent souvent trop bien, et le sommeil vient avant qu'on ait éteint la bougie; celle-ci brûle entièrement en risquant de mettre le feu aux rideaux, ne laissant dans le bougeoir, après une agonie des moins odorantes, qu'un petit bout de mèche carbonisée!

Vous n'aurez plus à souffrir de cet inconvénient si vous employez l'*éteignoir automatique* que je vous propose de construire avec une coque de noix, un petit

anneau de caoutchouc et une épingle à cheveux. Si les
matériaux sont peu coûteux, la fabrication est aussi
très simple :

Repliez votre épingle à cheveux comme l'indique
notre figure. Percez deux trous dans la coque de noix,
du côté de la partie pointue, et tout près du bord, à
l'aide d'un fil de fer rougi ; enfilez l'anneau de caoutchouc dans ces deux trous, et retenez les deux bouts de
cet anneau au moyen de deux petits morceaux d'allumette. Introduisez la tête de l'épingle entre les deux
brins de caoutchouc qui sont ainsi tendus à travers la
noix, puis tordez le caoutchouc en tournant plusieurs
fois les deux petits bouts d'allumette, de façon que
l'épingle se rabatte dans l'intérieur de la coque, chaque
fois qu'après l'en avoir fait sortir vous l'aurez aban-
donnée à elle-même.

Pour vous servir de l'éteignoir ainsi construit, rabattez l'épingle en dehors de la coque de noix et fixez-la
sur la bougie, qu'elle tiendra entre ses deux branches
comme le ferait une pince à ressort ; la coque de la
noix devra être horizontale et sa pointe s'enfoncera très
légèrement dans la bougie, à une distance de la mèche
plus ou moins grande, selon que vous voudrez que la
bougie brûle plus ou moins longtemps. Lorsque le moment de l'extinction est venu, le bord de la bougie est
arrivé au niveau du bord de la noix ; dès lors, la pointe
de la noix ne trouve plus d'appui sur la stéarine qui se
met à fondre, et, le caoutchouc se détordant, la noix
bascule et, comme le représente la figure de droite de
notre dessin, vient coiffer la mèche comme le ferait le
meilleur des éteignoirs.

Bougies illustrées.

OICI le moyen de décorer en un tour de main toutes les bougies de votre appartement et de les orner de charmants dessins sans avoir besoin d'être artiste. Prenez une feuille de papier sur laquelle est imprimé le dessin que vous voulez reproduire; la largeur du dessin ne devra pas dépasser le contour de la bougie. Enroulez le papier en le serrant bien contre la bougie, le dessin appliqué contre la stéarine, et promenez rapidement, au dos de la feuille, une allumette enflammée. C'est fini! Déroulez le papier, et vous constaterez que toutes les parties du dessin se sont fidèlement reproduites en gris sur la bougie. Vous réussirez d'autant mieux cette petite opération que le papier sur lequel se trouve le dessin imprimé sera plus mince et que l'impression sera plus récente; les dessins à choisir doivent être imprimés le plus noir possible; les hachures ne doivent pas être trop serrées, car le trait s'élargit en se décalquant sur la stéarine.

Le Casse-Noisettes.

ET ustensile se fabrique avec une branche d'arbre flexible de 40 centimètres de longueur; la branche du noisetier lui-même convient parfaitement. *Cueillir la noisette a son charme;* ainsi que l'attestent nos plus anciennes chansons, mais la manger n'est pas désagréable non plus, après qu'on a triomphé de la résistance de la coquille.

En brisant celle-ci d'un coup de pied ou entre deux cailloux, vous risquez d'écraser l'amande; en essayant de casser la coquille avec vos dents, celles-ci peuvent succomber dans une lutte souvent inégale; quant au casse-noisettes classique qui se trouve dans tous les ménages, on n'en a pas d'ordinaire dans sa poche.

Mais cette poche contient toujours un couteau; il vous permettra de pratiquer dans la branche que vous aurez choisie une encoche large comme le doigt et très profonde; laissez intactes seulement quelques fibres du bois qui serviront à relier, par un lien flexible, les deux bouts de la branche; ce sont les deux manches de l'appareil. Prenez chacun de ces manches dans une main, après avoir placé une noisette dans l'entaille; pesez sur les deux extrémités pour les ramener l'une vers l'autre, et vous ferez éclater la coquille; celle-ci tombe à terre, tandis que l'amande, restée intacte, est maintenue entre les deux bords de l'entaille.

Fabrication du Muguet.

NCLINEZ une bougie allumée au-dessus d'un verre d'eau ; chaque goutte de stéarine qui tombe se transformera, aussitôt qu'elle aura touché le liquide, en une petite coupe flottant à la surface. Ces coupes ont exactement la grandeur et la forme des clochettes du muguet ; elles seront plus ou moins grandes selon que vous aurez tenu la bougie plus ou moins élevée au-dessus du verre. Prenez un fil de fer très mince dont vous aurez chauffé l'un des bouts, et avec ce bout chauffé, percez le centre d'une clochette quand elle est encore dans l'eau. Poussez la fleur jusqu'à l'autre bout du fil

qui est arrondi et dont l'extrémité est courbée en crochet pour retenir la clochette. Réunissez plusieurs fils
de fer munis chacun d'une fleur, en mettant en haut les
plus petites et en bas les plus grandes, placez le tout
dans un petit vase avec de larges feuilles pointues en
papier vert, et vous aurez ainsi du muguet dont chaque
corolle aura la blancheur, la transparence, les bords
amincis et dentelés de la jolie fleur printanière.

Nous dédions cette curieuse recette à nos aimables
lectrices, pour qui certaines de nos expériences ont pu
sembler trop difficiles à exécuter, et si elles désirent
trouver un nom pour la fleur ainsi fabriquée, je leur
proposerai de l'appeler : *le Muguet algérien.*

— Pourquoi algérien?

— Parce qu'il vient... de Bougie!

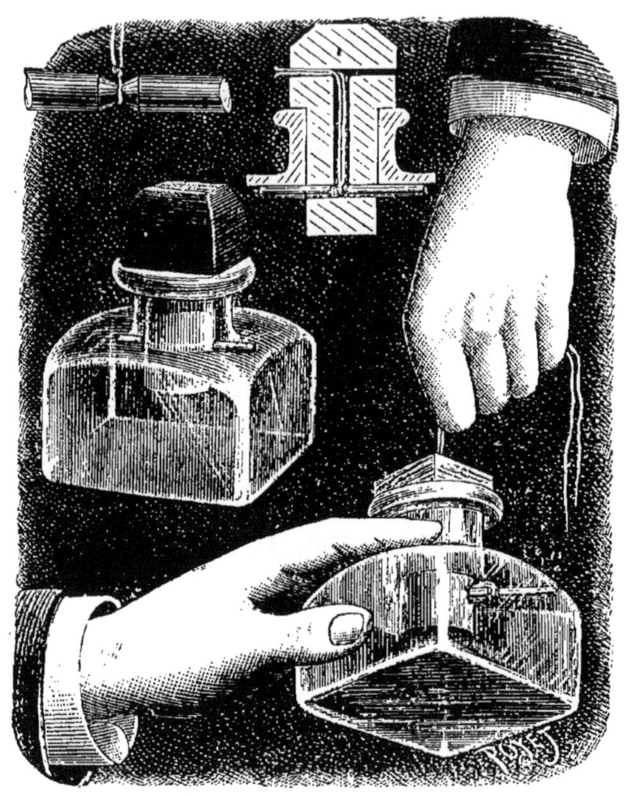

Le Flacon mystérieux.

JE possède, entre autres curiosités, un flacon en verre transparent, fermé par un bouchon de bois à tête élargie, mais fermé de telle façon que personne jusqu'ici, parmi les nombreux amateurs qui l'ont examiné, n'a pu trouver la clef du mystère.

Car il y a un mystère dans mon flacon, et ce mystère est un long et gros clou qui traverse le bouchon perpendiculairement de part en part *à l'intérieur même de la bouteille.*

Comment le clou est-il venu à cet endroit?

On n'a pu l'introduire dans le bouchon avant de fermer la bouteille, puisque la longueur du clou dépasse de plusieurs centimètres la largeur du goulot.

Le clou a-t-il été introduit après le bouchage? Cela semble encore plus impossible.

Sans vous faire attendre plus longtemps, je vais non seulement vous donner l'explication attendue, mais encore indiquer comment, en moins d'une demi-heure et sans dépenser 1 centime, vous pourrez confectionner vous-mêmes le flacon mystérieux qui vous permettra d'intriguer vos amis. Il vous suffira de suivre rigoureusement les indications ci-après, qui, du reste, n'ont rien que de très simple.

1° Sciez le haut du bouchon, de façon à en détacher une petite plaque, ayant environ un demi-centimètre d'épaisseur; mettez cette plaque de côté; elle vous servira dans un instant.

2° A l'aide d'une vrille ou d'une aiguille à tricoter rougie au feu, percez un trou longitudinal dans l'axe du bouchon; le trou doit s'arrêter à 1 centimètre environ de l'extrémité inférieure; cette extrémité du bouchon dépassera d'environ 1 centimètre et 1/2 la longueur du goulot, à l'intérieur de la bouteille.

3° A la distance de 1 centimètre à partir du bas du bouchon, traversez ce bouchon par un trou transversal ayant le diamètre du clou; les deux canaux, vertical et horizontal, se rencontreront à angle droit, en formant la figure d'un ⌐ renversé.

4° Introduisez dans le conduit vertical un brin de fil solide, puis, lorsque son extrémité a atteint le conduit horizontal, poussez-le avec une allumette ou une tige quelconque dans l'une des moitiés de ce conduit, de façon à le faire sortir par l'un des trous latéraux du bouchon.

5° A l'aide d'une lime, faites une petite encoche au milieu du clou, et attachez-y l'extrémité du fil; collez le fil avec de la gomme contre la moitié du clou comprise entre l'encoche et la pointe, et laissez bien sécher.

Les préparatifs sont terminés; nous voici arrivés au bouchage.

6° Introduisez dans la bouteille, d'abord le clou, qui pend à l'extrémité du fil, puis le bouchon; renversez le flacon, tirez sur l'autre bout du fil, et vous amènerez ainsi, après quelques tâtonnements, la pointe du clou dans le trou latéral du bouchon par lequel sort le fil à l'intérieur; vous n'avez plus qu'à remettre le flacon debout et à tirer sur le fil que vous tenez à la main, comme vous l'indique très clairement notre figure; le fil, se décollant petit à petit du clou, fait avancer celui-ci dans le conduit horizontal, et le clou continue à glisser dans ce conduit jusqu'à ce que l'encoche, point d'attache du fil, se trouve en face du trou vertical; le clou déborde alors également des deux côtés du bouchon, dans lequel il semble avoir été enfoncé avec un marteau.

7° Reste à dissimuler maintenant le trou du haut du bouchon, qui viendrait révéler le subterfuge employé. Recollez avec de la colle forte la petite plaque enlevée tout à l'heure à la partie supérieure du bouchon, en ayant soin d'emprisonner, entre le bouchon et cette

plaque, l'extrémité du fil. Le clou sera ainsi maintenu
fixe, même si le trou est un peu plus grand que lui;
afin de dissimuler la ligne de jonction des deux pièces,
enduisez d'encre ou de peinture noire toute la tête du
bouchon, et personne ne pourra s'apercevoir, si vous
ayez opéré habilement, que la tête du bouchon était en
deux morceaux.

Au lieu d'un bouchon de bois, vous pouvez employer
un bouchon de liège ordinaire, et vous n'aurez pas
besoin d'en enlever la partie supérieure avant de creuser le trou vertical; il vous suffira, pour dissimuler
l'orifice de ce trou, de cacheter le bouchon avec de la
cire, comme on le fait d'ordinaire pour ie bouchage des
bouteilles de vin.

La Veilleuse en marron d'Inde.

À l'époque de la chute des marrons d'Inde dans les allées du jardin, fillettes et garçons s'empressent d'en faire une ample récolte pour les transformer en jouets de tous genres ; enfilés avec une ficelle, ils formeront des chapelets et des colliers, ou encore de superbes guides ; avec un peu d'habileté, on pourra transformer leur écorce, couleur d'acajou verni, en petits paniers rustiques ou en corbeilles finement ajourées ; enfin les plus adroits seront heureux de satisfaire leur goût pour la sculpture en y taillant, à l'aide de leur canif, des figures plus ou moins grotesques qui pourront être enluminées après leur dessiccation. Mais ce n'est pas de ces applications bien connues que je veux vous entretenir; il s'agit d'une utilisation toute nouvelle, consistant à transformer le marron d'Inde en une excellente veilleuse !

Voici la préparation qu'il doit subir : faites-le tremper pendant douze heures dans la burette contenant l'huile à brûler, après l'avoir criblé de petits trous à l'aide d'une aiguille à coudre; au moment de vous en servir, creusez un trou dans son intérieur sans le traverser complètement, et placez-y quelques fils de coton, qui formeront la mèche. Vous le mettrez alors dans votre verre d'eau, où il surnagera. En allumant le soir cette veilleuse d'un nouveau genre, vous serez assuré d'avoir de la lumière jusqu'au lendemain matin.

La seule précaution à prendre est celle-ci : il faut que votre marron flotte dans l'eau en s'y maintenant en équilibre stable; pour cela, ne le choisissez pas régulièrement arrondi, mais plutôt avec une forme non symétrique, comme celui que représente notre dessin, et, avant de faire le trou pour recevoir la mèche, faites-le nager d'avance pour vous assurer que l'endroit où vous allez creuser ce trou sera bien situé à la partie supérieure, lorsque le marron flottera, afin que la mèche soit bien garantie contre le contact de l'eau.

L'Œuf hypnotisé.

Renez un œuf creux en bois, comme ceux dont se servent les ménagères pour raccommoder les bas ; percez deux trous, un à chaque extrémité de l'œuf, à l'aide d'une vrille assez grosse, et traversez ces deux trous par une ficelle lisse et fine, dont vous tiendrez un bout dans chaque main ; montrez au public que l'œuf glisse facilement d'une main à l'autre le long de la ficelle, et priez même quelqu'un d'ouvrir l'œuf pour constater qu'il ressemble intérieurement à tous les œufs de ce genre. Reprenez alors votre œuf, fermez-le, et annoncez que, par suite d'une influence magique (mettons que ce soit de l'hypnotisme) vous allez le soustraire à l'action de la pesanteur. Vous commencez par le laisser tomber le long de la ficelle que vous tenez verticalement entre vos deux mains, pour montrer que rien ne l'arrête dans sa chute; puis, changeant la position des mains de manière à retourner la ficelle bout pour bout, vous ordonnez à l'œuf de rester collé à la main qui est en haut. Priez quelqu'un de l'assistance de lui commander de descendre, vite ou doucement, de s'arrêter au milieu de sa course, pour la reprendre ensuite, et le public verra l'œuf hypnotisé obéir à ces suggestions, précipiter ou ralentir sa chute, faire une halte subite, reprendre sa course pour s'arrêter encore, exécutant les commandements avec une précision automatique.

Cette expérience, qui fait toujours beaucoup d'effet sur les spectateurs, est facile à préparer; tout le secret consiste en un bouchon placé subtilement à l'intérieur de l'œuf, au moment de le refermer, bouchon que vous aviez jusque-là dissimulé dans l'une de vos mains. Ce bouchon joue le rôle de frein dans la manœuvre de la descente; tant que la ficelle n'est pas tendue entre vos mains, le bouchon glisse contre elle, et l'œuf descend avec rapidité; tirez un peu sur la ficelle et vous ralentirez la descente; enfin, tendez-la brusquement, et son frottement contre le bouchon provoquera l'arrêt subit.

Transformer en Oiseau une tête de merlan.

ANS un chapitre de son ouvrage : *les Tribunaux comiques*, Jules Moineaux nous initie aux émotions d'un collectionneur plus naïf que savant, à l'arrivée d'une caisse d'ossements que lui adressait un farceur, et portant sur leurs étiquettes les noms les plus fantaisistes; on y voyait des *manlius*, des *rasibus*, des *olibrius*, des *pompilius* et même des *stradivarius!!!*

C'est à ce collectionneur que vous pourrez dédier le curieux oiseau antédiluvien que je vais vous apprendre

à fabriquer vous-mêmes, sans autres outils que vos
doigts ; quant à la matière première, elle est à la portée
de tout le monde, surtout des amateurs de merlan, car
c'est la tête de ce poisson qui va nous servir pour cette
petite construction. Bien que notre dessin soit fait
avec une rigoureuse exactitude, c'est à table, avec
un merlan dans votre assiette, que vous pourrez le
mieux comprendre mes explications. La cuisinière
aura fait bouillir la tête du merlan pendant assez longtemps pour la dépouiller de toutes les parties char-
nues, car c'est avec les os seuls qu'il faut opérer. Vue
par-dessus, cette tête a alors l'aspect représenté en haut
du dessin et à gauche ; la figure de droite, en bas, la
montre vue par-dessous. La mâchoire inférieure a été
enlevée. Arrachez le petit os transversal C D et placez-le
en C′ D′ ; vous aurez auparavant enlevé en tirant dessus
avec vos doigts le morceau X que vous ajusterez à l'autre
bout de la tête, à la suite du petit cartilage saillant A.
Ce sera la tête de l'oiseau fantastique. Remarquez, dans
la figure du bas, les deux petites ouvertures allongées
dans lesquelles vous enfoncerez facilement les extrémités de l'os C D, qui se termine toujours par une double
pointe. C′ D′ sera la queue de l'animal ; quant aux ailes,
vous n'aurez qu'à faire entrer dans deux trous qui sem-
blent faits tout exprès de chaque côté du dos, les deux
petits os cartilagineux et transparents dont E vous
donne le dessin et provenant des deux côtés de la tête.
Suspendez l'ensemble par un fil traversant le cartilage A, et vous pourrez contempler l'allure gracieuse
de l'oiseau que vous aurez fabriqué en moins de temps
qu'il ne m'en a fallu pour vous le décrire.

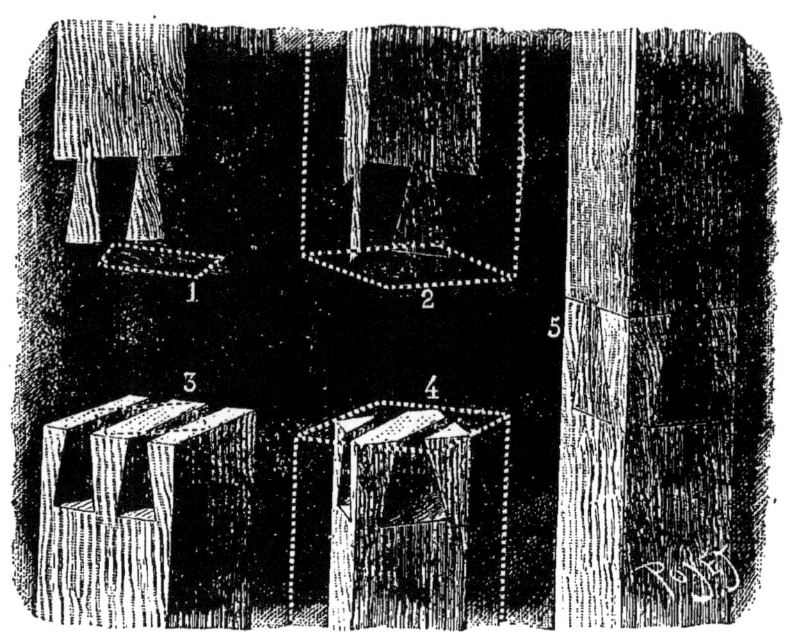

Assemblage paradoxal.

EUX morceaux de bois de section carrée, réunis l'un à l'autre au moyen de quatre tenons à queue d'aronde, chaque tenon étant visible sur l'une des quatre faces : tel est l'assemblage paradoxal que nous mettons sous les yeux de nos lecteurs. Une fois terminé, l'assemblage présentera l'aspect indiqué au n° 5 de notre dessin, et intriguera, au plus haut degré, les personnes qui l'examineront sans pouvoir comprendre comment les deux pièces ont pu entrer ainsi l'une dans l'autre. Dans les écoles professionnelles, où les assemblages paradoxaux de tous genres sont enseignés aux élèves, celui que j'indique s'obtient en donnant aux axes des tenons une direction parallèle aux diagonales de la section carrée des deux morceaux de bois ; on n'a donc, en réalité, que deux tenons obliques, au lieu de quatre, et l'assemblage s'obtient en faisant glisser ces tenons dans les entailles correspondantes, dans le sens des diagonales de la section.

Je n'ai pas besoin de dire que ce travail est des plus délicats, et constitue un petit chef-d'œuvre de menuiserie.

Mais voici la manière originale d'obtenir le même résultat sans aucune difficulté. Assemblez vos deux morceaux de bois par deux tenons droits à queue d'aronde ; ces tenons sont indiqués au n° 1 du dessin, et les entailles correspondantes au n° 3. Une fois les deux morceaux réunis, abattez à la scie ou au rabot les quatre angles, suivant les quatre côtés d'un carré obtenu en joignant les milieux des côtés du carré primitif, ce carré inscrit est indiqué en pointillé sur les deux mêmes figures. Vous obtenez alors les morceaux vus séparément aux n°° 2 et 4 du dessin ; le pointillé blanc vous indique quelle position ils occupent par rapport aux morceaux primitifs. En les réunissant comme je l'ai indiqué plus haut, vous aurez l'assemblage paradoxal représenté au n° 5 de notre dessin. Pour rendre les tenons bien visibles, employez deux morceaux de bois de coloration différente, par exemple du poirier et du bois blanc.

Dédié aux amateurs de menuiserie.

———————◦—————

Personnages en papier découpé.

OICI comment nous pourrons découper, dans des cartes de visite ou du papier fort, les sœurs, de charité dont nous donnons les dessins ci-après, sans oublier leurs petites élèves.

Il suffira, pour cela, d'observer exactement les

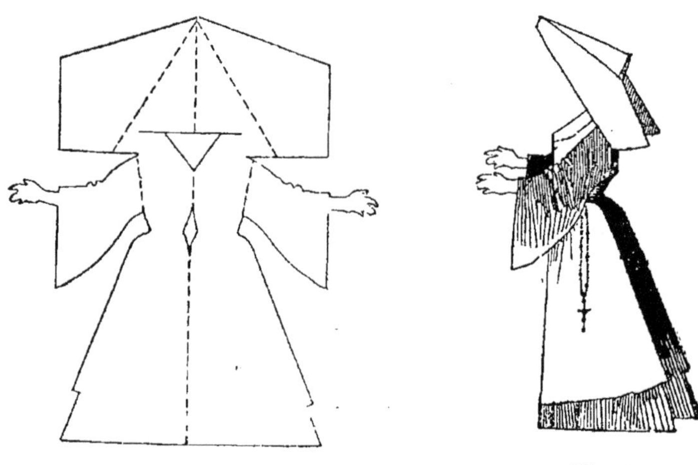

Figure 1.   Fig. 2.

instructions suivantes, qui sont des plus simples, comme vous allez vous en assurer.

Matériel nécessaire : quelques cartes de visite, du papier blanc un peu fort, un crayon noir, un crayon à bouts rouge et bleu, une paire de ciseaux. Êtes-vous prêts ? Nous commençons :

Pliez en deux une carte de visite, dans le sens de sa longueur ; calquez, sur du papier transparent, la moitié du gabarit représenté fig. 1, et reportez-la sur une des

moitiés de la carte pliée ; le pli de la carte devra se con-
fondre avec la ligne pointillée formant l'axe de la fig. 1.
Une fois que le contour de cette demi-figure aura été
tracé, découpez votre carte suivant ce contour ; en la
dépliant ensuite, vous aurez une figure semblable à la
figure 1. Il ne reste plus grand'chose à faire pour transformer la carte, ainsi découpée, en sœur de charité.

Fig. 3. Fig. 4.

Repliez de nouveau la carte suivant sa ligne médiane ;
ramenez en avant les deux bras, en les pliant suivant
les lignes pointillées du modèle, puis faites la cornette
au moyen de deux grands plis obliques ; vous pourrez
en varier légèrement la forme, mais elle doit venir en
avant, de façon à cacher le visage, qui est absent. Coloriez en bleu foncé, à l'aide du crayon de couleur, la
jupe et les manches, en réservant en blanc le grand
tablier ; dessinez un rosaire, un trousseau de clefs, etc.;
vous pourrez aussi placer dans une main une allumette-

bougie, figurant un cierge, ou encore un petit morceau de carton plié, représentant un livre de messe ; pour ces accessoires, chacun pourra les varier suivant son goût.

La sœur, ainsi confectionnée, aura l'aspect représenté figure 2. C'est bien, n'est-ce pas, la sœur de Saint-

Figure 5.   Figure 6.

Vincent de Paul, dont le costume est populaire dans toutes les parties du monde.

Avec le gabarit de la figure 3, vous pourrez fabriquer une sœur un peu différente ; la forme de la cornette n'est plus la même, mais elle ne présente aucune difficulté. Cette variante est représentée figure 4.

Le léger écartement des deux moitiés de la carte permet à nos deux sœurs de se tenir debout quand nous les posons sur la table.

Si nous passons à une de leurs élèves, nous constatons avec étonnement que son gabarit (*fig.* 5) indique l'exis-

tence de quatre jambes ! Rassurez-vous : lorsque nous
aurons découpé, puis replié la carte sur laquelle le demi-

Ensemble.

Figure 7.

contour du gabarit de la figure 5 aura été tracé, nous aurons soin de couper deux de ces jambes, en en laissant

une de chaque côté ; si nous laissons la jambe droite **en
avant**, nous laissons la jambe gauche en arrière, ou
vice versa, de façon que, en regardant la fillette de profil, nous verrons ses deux pieds l'un derrière l'autre
(*fig*. 6). Comme elle ne peut se tenir debout, nous pour-

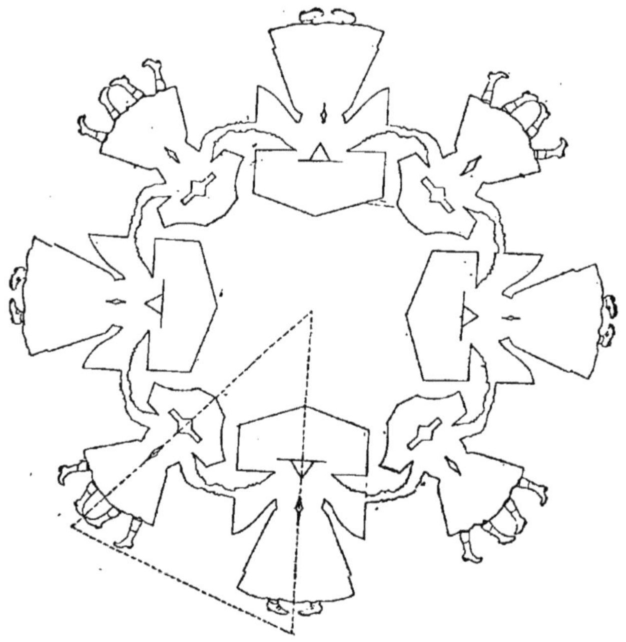

Figure 8.

rons la fixer dans la fente d'un bouchon de moutarde.

Le crayon de couleur nous permettra de lui faire des
bas et une capeline rouges, une robe à raies ou à pois
roses ou bleus, etc.

L'ensemble figuré sur notre dessin se compose de
quatre sœurs dansant en rond avec quatre fillettes
qu'elles tiennent par la main. *Les huit personnes sont*

découpées d'un seul morceau dans une feuille de papier.

Pour cela, repliez votre feuille de papier en deux; puis, par un pli perpendiculaire au précédent, pliez-la en quatre; enfin, un pli intermédiaire aboutissant à la rencontre des deux précédents vous donnera la feuille pliée en huit. Sur la face supérieure du papier ainsi replié, tracez le gabarit de la demi-sœur et de la demi-fillette, indiqué figure 7, découpez en une seule fois les huit épaisseurs du papier suivant ce contour, et, en dépliant la feuille ainsi découpée, vous obtenez la figure 8, dans laquelle vous reconnaîtrez quatre sœurs et quatre enfants semblables à celles dont nous avons étudié plus haut la fabrication. Coloriez chacun des personnages, en évitant de rien déchirer, surtout à la jonction des mains, qui est fragile; repliez chaque sœur et chaque enfant comme si elles étaient isolées, faites l'amputation des jambes supplémentaires, et voilà votre ronde organisée et vos petites personnes qui se tiennent debout sans difficulté. Posez-les sur un morceau de carton garni d'un papier vert et figurant une pelouse : vous piquerez, dans ce carton, des brins de bois ou des allumettes couvertes de mousse à leur partie supérieure : ce seront les arbres du décor champêtre.

Les Pantins animés.

E vieilles cartes de visite, de vieux bouts d'allumettes, tels sont les matériaux fort simples avec lesquels je proposerai à mes lecteurs, amis des distractions manuelles, de fabriquer les personnages et animaux représentés sur nos dessins ci-contre et dont les membres peuvent, à un moment donné, se mouvoir comme ceux des joujoux mécaniques.

Prenons, par exemple, la construction du pantin dont vous voyez l'envers sur notre figure. Après avoir dessiné séparément et colorié, sur le dos d'une carte de visite, d'abord le buste et la tête du personnage, puis les deux bras et les deux jambes, vous découperez ces cinq pièces avec soin ; posez alors le buste sur la table, et, par-dessus, les quatre membres en leur donnant la position du repos : les bras au corps, les jambes rassemblées.

Il faut maintenant relier ces membres au corps et voici comment on doit s'y prendre.

Supposons qu'il s'agisse d'un bras.

Il nous faut marquer, avec un crayon, sur le haut de ce bras, le point précis qui constitue son axe de rotation : piquez maintenant une épingle à travers ce point,

et enfoncez-la au point correspondant de l'épaule, dans la pièce qui figure le buste de notre bonhomme.

Pliez maintenant en deux une allumette ordinaire, de façon que ses deux branches soient le plus près possible l'une de l'autre ; l'allumette sera partiellement brisée, mais il restera quelques fibres du bois qui se seront pliées sans se rompre. Placez votre allumette ainsi pliée de façon que les deux branches étant réunies par une goutte de cire à cacheter, l'une au bras, l'autre au corps, la partie qui forme articulation soit en contact avec l'épingle. Faisons de même pour l'autre bras et pour les deux jambes, et voilà notre pantin terminé.

Il s'agit maintenant de lui donner la vie.

Pour cela, vous n'aurez qu'à poser le côté où sont les allumettes dans une assiette contenant une très petite couche d'eau ; les fibres pliées du bois qui n'ont pas été brisées se gonfleront par suite de l'humidité qu'elles absorbent et tendront à reprendre leur position rectiligne ; vous vovez alors le pantin animé de mouvements saccadés très amusants ; il écarte les jambes et lève les bras comme le font ses confrères qui sont mus par des ficelles.

Ayez bien soin de n'employer que les grosses allumettes ordinaires ; les suédoises, injectées à la paraffine, ne donneraient pas de bons résultats.

Je laisse à l'imagination de chacun le soin de modifier et de perfectionner le mode de fabrication dont je viens d'indiquer le principe. La danseuse qui lève le pied à hauteur de l'œil, le coq qui agite ses pattes, sont d'une fabrication assez simple ; le cheval, avec ses douze articulations différentes, est, au contraire, une pièce digne de tenter l'adresse d'un amateur. Pour ce cheval,

chaque patte se composera de trois pièces distinctes
(le lecteur voudra bien rétablir les articulations des
jarrets non indiquées sur le dessin).

Enfin au lieu de poser les personnages dans une
assiette humide, on peut, au moment voulu, mettre
une goutte d'eau sur chaque articulation, à l'aide du
doigt ou d'un pinceau; l'effet produit sera le même.

III. — TOURS DE FICELLES

ᴇs tours de ficelles constituent un petit talent de société, tout comme les tours de cartes et la prestidigitation ; de plus, ils n'exigent aucune adresse de mains, aucuns préparatifs spéciaux, aucun appareil ; ils s'exécutent d'un bout à l'autre sous les yeux mêmes du spectateur et souvent avec son aide ; enfin, la plupart d'entre eux peuvent s'apprendre sans peine et en peu de temps ; voilà plus qu'il n'en faut pour justifier l'étude des quelques tours de ficelles que j'indique ici, chacun d'eux constituant un type principal autour duquel viennent se grouper des variantes de toute espèce. Afin de pouvoir me suivre avec fruit dans mes démonstrations, les lecteurs voudront bien, un bout de ficelle à la main, reproduire les diverses phases des opérations, au fur et à mesure qu'elles seront expliquées, et vérifier sur nos dessins s'ils ne se sont pas trompés.

Pour abréger, nous désignerons par les lettres **D** et **G** les mains droite et gauche de l'opérateur ; d, g, seront celles de l'amateur qui veut bien se prêter à l'expérience ; *d* et *g* seront celles d'un second amateur, lorsque son concours sera nécessaire.

Commençons par quelque chose de très simple :

Le Piège.

Nouez ensemble les deux bouts d'une ficelle (2 mètres au moins) ; tenez le nœud à la main et disposez la ficelle sur une table, de telle sorte que les deux extrémités *a b* et *x y* du circuit fermé reviennent les unes sur les autres à angle droit, après que leurs milieux ont formé deux boucles *m* et *n*. Invitez maintenant quelqu'un de la société à poser un de ses doigts sur la table, à l'intérieur du circuit, de façon à vous empêcher de reprendre la ficelle. Neuf fois sur dix, l'amateur placera son doigt dans l'espace carré **X** (*fig.* 1), persuadé que ce doigt est à l'intérieur. Mais il revient vite de son erreur en vous voyant tirer à vous la ficelle, sans que celle-ci se soit accrochée à son doigt.

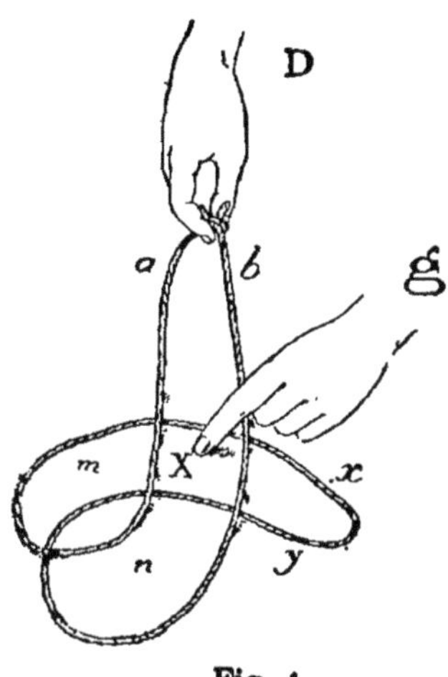

Fig. 1.

On vous demande de recommencer l'expérience, et vous annoncez cette fois que l'amateur doit placer son

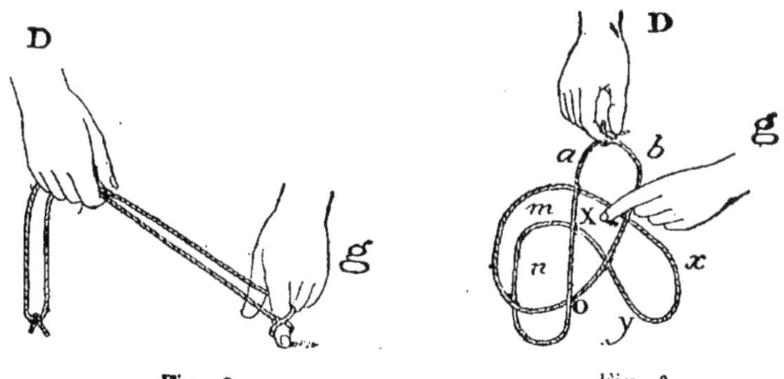

Fig. 2.   Fig. 3.

doigt de façon à vous permettre de reprendre la ficelle. L'amateur le replace alors dans le même espace **X**, certain de gagner cette fois : vous tirez, et son doigt se trouve serré par une boucle, dont il ne peut se débarrasser qu'en le soulevant de dessus la table (*fig.* 2). Tout le secret consiste en ceci : dans le premier cas, vous avez bien soin d'éviter le croisement des deux brins *a* et *b* entre eux ; dans le second cas, au contraire, par un imperceptible mouvement de la main, vous faites tourner le nœud entre vos doigts ; les deux brins sont ainsi croisés au point **O** avant de former le carré **X** (*fig.* 3). Ce croisement, très visible sur notre figure, où nous avons dû représenter une ficelle de dimensions restreintes, passera au contraire inaperçu lorsque vous opérerez avec une ficelle de la longueur indiquée.

L'Escargot.

Pliez une ficelle en deux, l'un des bouts ayant environ 50 centimètres de plus que l'autre. Tenez les deux extrémités entre le pouce et l'index, après avoir replié dans votre main l'excédent du bout le plus long.

Disposez maintenant votre ficelle double en spirale sur la table, la boucle au centre, en évitant de croiser les deux brins, et arrêtez-vous lorsque l'extrémité *x* du brin le plus court a été posée sur la table. Il vous reste dans la main l'extrémité *y z* du brin le plus long ; ne la montrez pas. Priez quelqu'un de placer la pointe d'un crayon dans le cul-de-sac *a* formé par la boucle ; il est évident que, si vous tirez sur les deux brins *x* et *y*, la spirale sera détruite et la ficelle retenue par la pointe du crayon. Refaites maintenant la spirale, comme tout à l'heure, mais lorsque l'extrémité *x* sera posée, faites encore un tour avec l'extrémité du brin le plus long, indiqué en noir sur notre dessin.

Prenez à la main (*fig.* 4) les bouts z et x; l'amateur, qui ne soupçonne rien, place de nouveau le crayon en a, mais cette fois la ficelle n'est plus retenue. C'est b, en effet, qui est devenu le cul-de-sac de la spirale double.

L'opérateur garde donc dans sa main le bout supplémentaire, ou le déroule sur la table, selon que l'amateur a pointé en a ou en b.

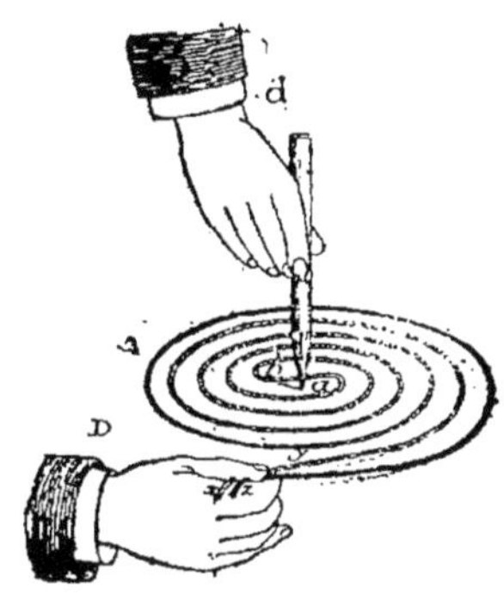

Fig. 4.

Avec quelques spires seulement, la supercherie est vite déjouée; il faut exécuter ce tour avec un cordonnet souple de 3 à 4 mètres permettant de faire un grand nombre de spires; l'œil le plus exercé ne pourra faire aucune différence entre les deux escargots.

Ce tour et le précédent remplacent le jeu de bonneteau dans certaines fêtes foraines; en indiquant comment l'amateur perd à coup sûr, j'ai montré que la ficelle, entre les mains d'un escroc, peut être aussi dangereuse que les cartes. En tout cas, voilà le truc dévoilé pour le *piège* et l'*escargot;* messieurs les tricheurs devront trouver autre chose.

Le Canif dans l'arbre.

Placez-vous devant un arbre (à la maison, l'arbre sera un bâton vertical quelconque); entourez-le d'une corde en faisant faire un tour complet à chacun des bouts, les extrémités a et b qui étaient dans les mains **D** et **G** revenant respectivement dans ces deux mains. Au-dessous de cette ligature, plantez la lame d'un canif (*fig.* 5); le brin de droite de la corde sera passé à droite du canif, puis viendra dans la main gauche; le brin de gauche passera à gauche du canif, pour venir dans la main droite (*fig.* 6); faites passer chacun de ces brins derrière l'arbre, au-dessous du canif, puis ramenez-les en avant, et réunissez-les par un nœud. Tenez les deux

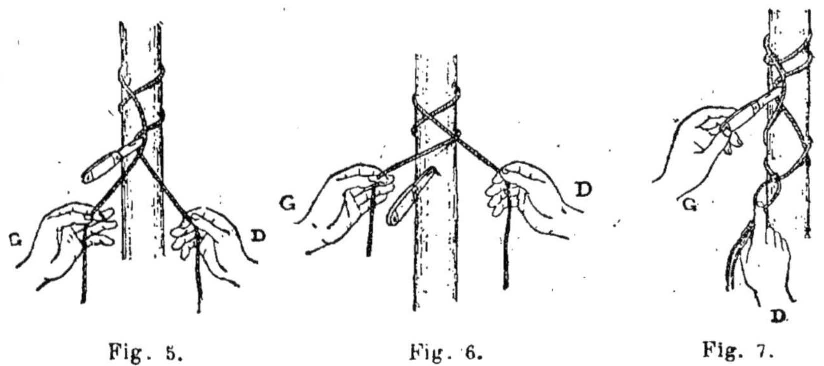

Fig. 5.　　　　　Fig. 6.　　　　　Fig. 7.

bouts de la corde, enlevez le canif (*fig.* 7), et toute la corde vient à vous comme si elle avait traversé l'arbre ou le bâton.

Tout le secret du tour consiste à se rappeler ceci : le *même brin de la corde* (celui de droite, dans l'exemple que nous avons choisi) *doit toujours être au-dessus de l'autre*, comme l'indique nos figures; il n'y a donc que superposition et non croisement des brins.

La Serviette et la Chaise.

Ce tour peut s'exécuter avec une corde; il est plus élégant de le faire avec une serviette pliée en bande.

Couchez le dossier d'une chaise sur la table, entourez l'un de ses pieds de la serviette (*fig.* 8), ramenez par-dessus le pied le brin de droite dans **G** et le brin de gauche

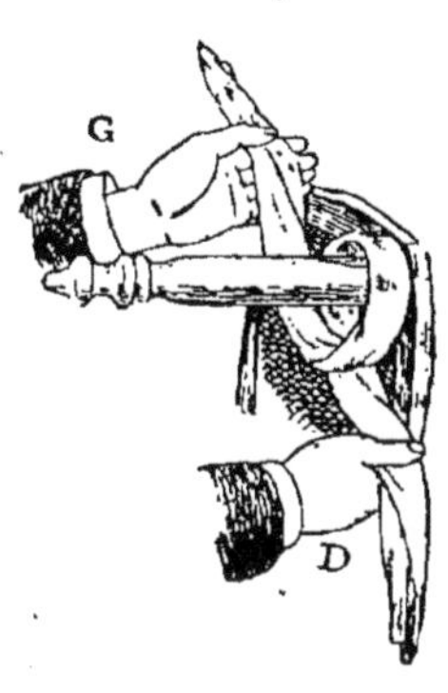

Fig. 8.

dans **D** (*fig.* 9) ; priez quelqu'un de poser une canne sur la serviette ainsi disposée et parallèlement au pied de la chaise ; ramenez les brins par-dessus la canne, le brin de gauche dans **G** et le brin de droite dans **D**, passez ces deux brins sous le pied de la chaise, ramenez les deux bouts en dessus (*fig.* 10) et faites un nœud. Prenez l'un des bouts de la serviette, priez quelqu'un de retirer la canne en la faisant glisser le long du pied de la chaise, et tirez en l'air la serviette qui s'enlèvera comme par enchantement. Comme pour l'expérience

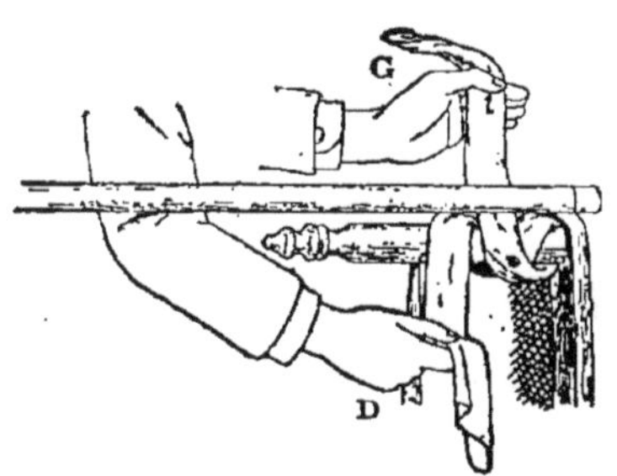

Fig. 9.

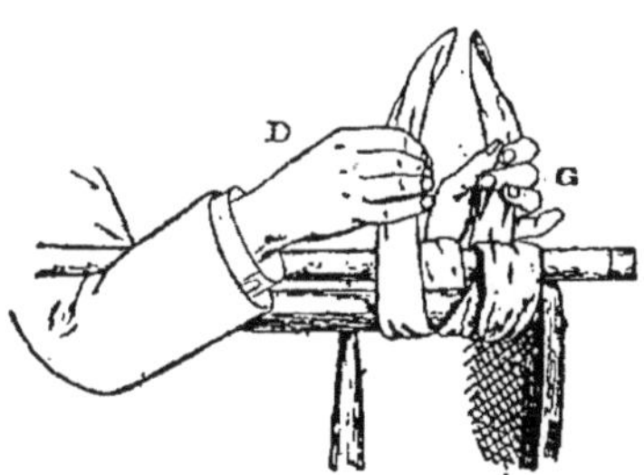

Fig. 10.

précédente, il suffit, pour ne pas vous tromper, de vous rappeler qu'il ne faut pas croiser les brins. Dans nos figures, par exemple, on voit que c'est le brin de droite qui reste toujours le plus éloigné de l'opérateur.

La Corde impalpable.

Nouez ensemble les deux bouts d'une grosse ficelle, de 1 mètre de longueur environ ; priez une personne de

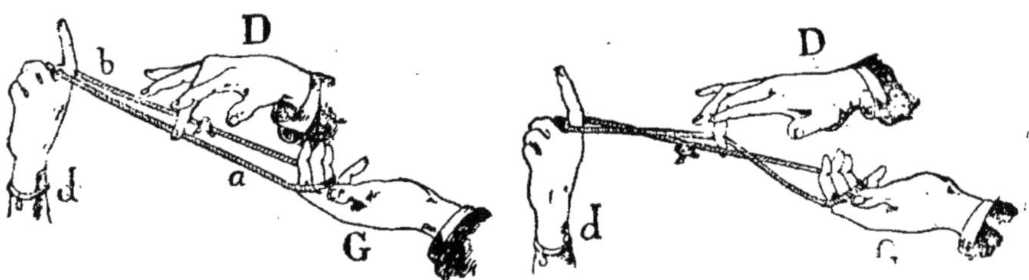

Fig. 11.   Fig. 12.

vous présenter le dos de sa main, et de tenir verticalement son index, auquel vous accrocherez une des boucles,

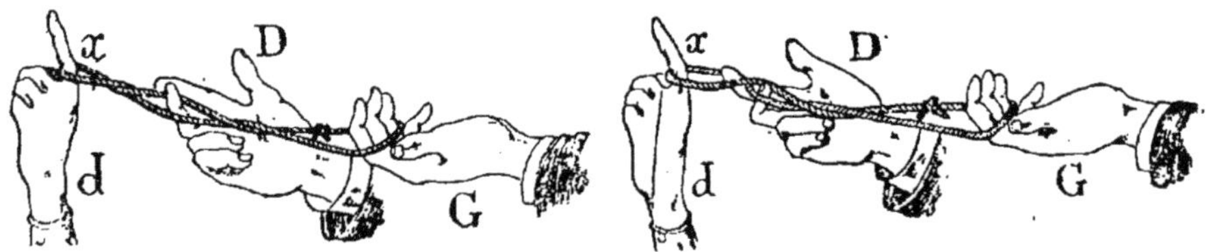

Fig. 13.   Fig. 14.

l'autre étant tenue dans **G**. Appelons *a* le brin qui est à la gauche de l'opérateur, et *b* celui qui est à sa droite (*fig.* 11). Il s'agit de reprendre votre ficelle sans sortir la boucle de l'index de *d*. Veuillez me suivre avec attention, et observer rigoureusement le *doigté* suivant : c'est **D** qui opère. Avec l'extrémité du médius, accrochez *a* et faites-le passer par-dessus *b* (*fig.* 12) ; retournez la main la paume en l'air, faites glisser le médius entre les deux brins, vers **d** (*fig.* 13), enfoncez l'index de **D** dans la boucle *x* et tirez un peu à vous pour l'agrandir (*fig.* 14); retournez **D**, la paume en bas, et en prétendant que la ficelle sera ainsi mieux retenue, posez le bout de votre médius sur le bout de l'index de **d** (*fig.* 15); annoncez que maintenant la ficelle passera entre ces deux doigts sans que la personne le sente; sortez l'index de **D** de sa boucle et tirez vivement à vous avec **G**; la ficelle est

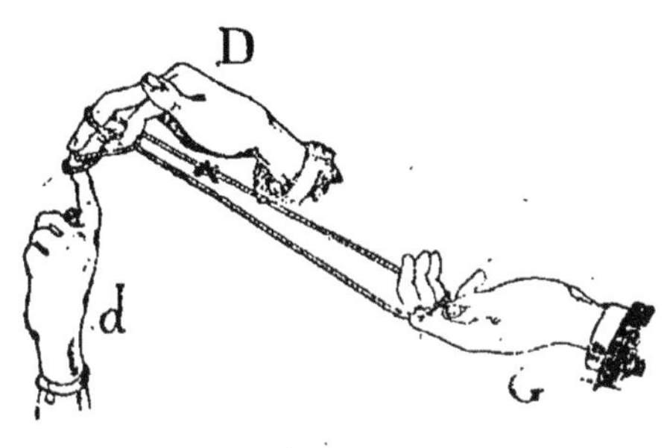

Fig. 15.

sortie, semblant passer entre votre doigt et celui de l'amateur, mais en réalité s'échappant par le côté.

La Clef.

Un premier amateur vous prête ses deux pouces **d** et **g**; vous y accrochez une ficelle fermée, dont les deux brins *a* et *b* ont été passés dans l'anneau d'une clef; sur le dessin, *a* est primitivement en arrière et *b* en avant, une deuxième personne *g* tient cette clef à la main; il s'agit

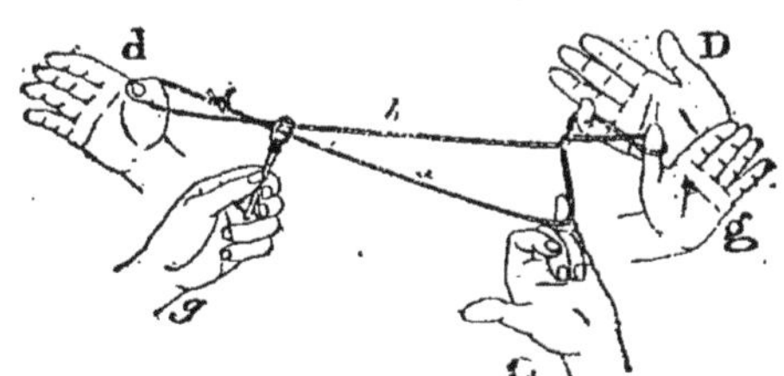

Fig. 16.

de la lui laisser prendre sans sortir les boucles des deux pouces. Mettez-vous à gauche de **g**, placez vos deux mains, les paumes en l'air, par-dessus les deux brins *a* et *b*, passez l'extrémité du petit doigt de **G** sous *a*, l'extrémité du petit doigt de **D** sous **b**, et tirez **D** à droite et **G** à gauche (*fig.* 16); ce croisement opéré, accrochez la boucle du petit doigt de **G** au pouce de **g**, et retirez **G** de cette boucle; **G** étant libre, prenez avec elle, entre le pouce et l'index, le brin **b** *entre l'anneau*

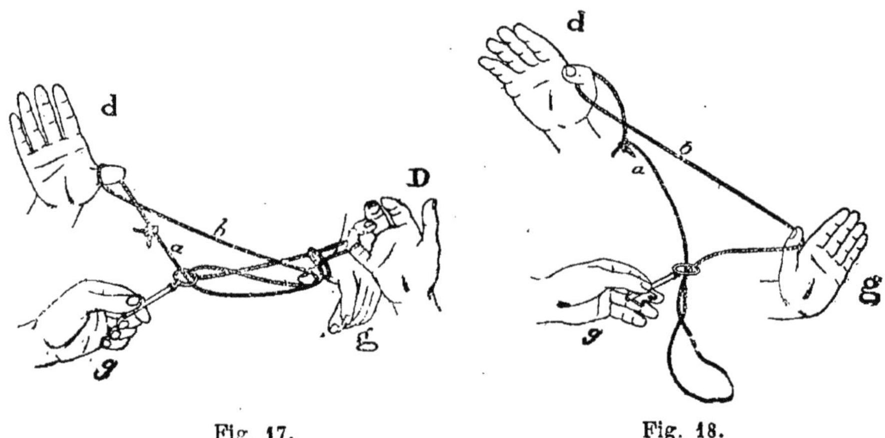

Fig. 17. Fig. 18.

de la clef et **d**, et entourez-en le pouce **g** de gauche à droite (*fig.* 17). Il ne vous reste plus qu'à retirer de sa boucle le petit doigt de **D**, et la personne qui tient la clef tirera sur la corde (*fig.* 18); la clef lui restera dans la main.

Si rien n'est plus difficile que d'expliquer en quelques mots les tours de ficelles et de les représenter par des dessins, vous verrez que l'exécution en est, au contraire, fort simple. Ils vous feront bien voir de la maîtresse de maison dont vous aurez distrait les invités, et vous aurez la satisfaction d'entendre murmurer derrière vous: « Est-il ficelle!! »

TABLE DES MATIÈRES

PREMIÈRE PARTIE

Expériences de Physique.

I. — PESANTEUR.

VII. — ÉLECTRICITÉ.

VIII. — OPTIQUE.

DEUXIÈME PARTIE

Géométrie pratique.

TROISIÈME PARTIE

Variétés.

I. — RÉCRÉATIONS.

II. — PETITS TRAVAUX D'AMATEUR.

III. — TOURS DE FICELLES.

Paris. — Imp. LAROUSSE, 17, rue Montparnasse.

TOM
TIT

www.ingramcontent.com/pod-product-compliance
Ingram Content Group UK Ltd.
Pitfield, Milton Keynes, MK11 3LW, UK
UKHW022010170726
13837UKWH00001B/94